"十三五"江苏省高等学校重点教材配套教材
普通高等教育应用型人才培养系列教材

现代工程图学习题集

（非机械类）

主　编　葛常清
副主编　刘富凯　黄爱维

机械工业出版社

本书与葛常清主编的《现代工程图学》（非机械类）主教材配套使用，主要内容包括制图的基本知识和基本技能、几何元素的投影、几何元素的相对位置、组合体、机件的表达方法、轴测投影、零件图上的技术要求、标准件和常用件、零件图、装配图、房屋建筑图、表面展开图等。

本书可作为普通高等院校本、专科近机械类、非机械类等专业的"工程制图"课程教材，还可作为中、高等职业院校的教材及相关工程技术人员的参考书。

图书在版编目（CIP）数据

现代工程图学习题集：非机械类/葛常清主编. —北京：机械工业出版社，2022.5

普通高等教育应用型人才培养系列教材 "十三五"江苏省高等学校重点教材配套教材

ISBN 978-7-111-70191-0

Ⅰ.①现… Ⅱ.①葛… Ⅲ.①工程制图-高等学校-习题集 Ⅳ.①TB23-44

中国版本图书馆 CIP 数据核字（2022）第 028407 号

机械工业出版社（北京市百万庄大街22号 邮政编码100037）
策划编辑：王勇哲　　　　　责任编辑：王勇哲
责任校对：李　婷　王明欣　封面设计：王　旭
责任印制：常天培
北京机工印刷厂印刷
2022年6月第1版第1次印刷
260mm×184mm·7.5印张·178千字
标准书号：ISBN 978-7-111-70191-0
定价：23.00元

电话服务　　　　　　　　网络服务
客服电话：010-88361066　机　工　官　网：www.cmpbook.com
　　　　　010-88379833　机　工　官　博：weibo.com/cmp1952
　　　　　010-68326294　金　书　网：www.golden-book.com
封底无防伪标均为盗版　机工教育服务网：www.cmpedu.com

前　言

本书根据教育部高等学校工程图学课程教学指导分委员会制定的《高等学校工程图学课程教学基本要求》，在对往届毕业生进行大量追踪调查和综合分析的基础上，并结合多年来教学改革的经验编写而成。

本书的编写注意加强画法几何与工程制图之间的联系，力求通过练习，培养学生的空间形象思维和逻辑思维能力，以及读图、画图的能力；同时，注意与后继课程及生产实际等方面的联系。各章节习题更丰富，便于根据不同专业和不同程度的教学要求进行取舍。各院校也可从现有的教学模型或零部件测绘的实物出发，增删一些习题。

本书为"江苏高校品牌专业建设工程资助项目"的成果。

本书可作为普通高等院校本、专科近机械类、非机械类等专业的"工程制图"课程教材，还可作为中、高等职业院校的教材及相关工程技术人员的参考书。

本书由葛常清任主编，刘富凯、黄爱维任副主编，姜亚南、唐玉芝、查朦、袁群参编。

中国工程图学学会前副理事长、清华大学童秉枢教授，上海师范大学孙昌佑教授等同行专家对于本书使用 AutoCAD、Projector 软件配合教学的构想给予了高度的评价，并在本书的框架拟定和内容编写方面给予了许多有益的指导。本书由同济大学洪钟德教授、东华大学王继成教授担任主审，他们对书稿提出了许多建设性的意见。本书的全部立体图由辽宁冶金职工大学李同军教授制作及优化，部分插图由南通理工学院孙丽、宋阁、高鹏等同学使用 AutoCAD 绘制和编辑。本书在编写过程中得到了参编各高校领导的大力支持，以及南通理工学院机械工程学院的领导和同事们多方面的热情惠助，在此一并表示衷心的感谢！

限于编者的水平，又因时间仓促，书中错漏和欠妥之处在所难免，恳请广大读者批评指正。

编　者

目　　录

前言
绪论 ··· 1
  0-1　看图练习 ·· 1
第一章　制图的基本知识和基本技能 ···················· 3
  1-1　线型 ·· 3
  1-2　字体练习 ·· 4
  1-3　几何作图 ·· 8
  1-4　平面图形的尺寸标注 ································ 11
  1-5　平面图形综合练习 ···································· 12
第二章　几何元素的投影 ······································ 15
  2-1　点的投影 ·· 15
  2-2　直线的投影 ·· 17
  2-3　两直线的相对位置 ···································· 19
  2-4　平面的投影 ·· 20
  2-5　平面上的点和直线 ···································· 21
  2-6　实长、实形、倾角的求法（直角三角形法）······ 22
  2-7　立体的投影 ·· 23
第三章　几何元素的相对位置 ······························ 26
  3-1　平行问题 ·· 26
  3-2　相交问题 ·· 27
  3-3　垂直问题 ·· 28

  3-4　平面与立体相交 ······································ 29
  3-5　两立体相交 ·· 34
第四章　组合体 ·· 38
  4-1　补全三视图中所缺的线条 ························· 38
  4-2　用形体分析法读、画组合体的三视图 ······· 40
  4-3　组合体视图的尺寸标注 ····························· 44
  4-4　由立体图画三视图 ···································· 46
  4-5　三视图中的线面分析 ································ 48
  4-6　按视图构造物体 ······································ 50
  4-7　读图练习 ·· 51
  4-8　补图及标注尺寸综合练习 ························· 54
第五章　机件的表达方法 ······································ 55
  5-1　视图 ·· 55
  5-2　剖视图 ·· 57
  5-3　断面图 ·· 65
  5-4　视图、剖视、断面改错练习 ···················· 66
  5-5　机件表达方法综合练习 ····························· 67
第六章　轴测投影 ·· 69
  6-1　正等轴测图 ·· 69
  6-2　斜二等轴测图 ·· 71
  6-3　轴测剖视图 ·· 72

第七章　零件图上的技术要求 ·············· 73
- 7-1　极限与配合 ·············· 73
- 7-2　极限配合与几何公差 ·············· 74
- 7-3　表面结构 ·············· 76

第八章　标准件和常用件 ·············· 77
- 8-1　螺纹 ·············· 77
- 8-2　螺纹紧固件 ·············· 79
- 8-3　螺纹紧固件综合练习 ·············· 81
- 8-4　齿轮 ·············· 83
- 8-5　滚动轴承与弹簧 ·············· 85

第九章　零件图 ·············· 86
- 9-1　读、画零件图 ·············· 86
- 9-2　由零件轴测图绘制零件图 ·············· 89

第十章　装配图 ·············· 92
- 10-1　由零件图拼画装配图 ·············· 92
- 10-2　读装配图及由装配图拆画零件图 ·············· 101

第十一章　房屋建筑图 ·············· 104
- 11-1　房屋建筑图综合练习 ·············· 104
- 11-2　补全建筑平面图 ·············· 105

第十二章　表面展开图 ·············· 106
- 12-1　展开图（截交线）·············· 106
- 12-2　展开图（相贯线）·············· 107
- 12-3　展开图（两个二次曲面共切于第三个二次曲面）·············· 108
- 12-4　展开图（球面）·············· 109
- 12-5　展开图（环面）·············· 110

参考文献 ·············· 111

绪　　论

0-1　看图练习　　　　　　　　　　　　　　　　　班级_____　姓名_____　学号_____

1. 根据物体的立体图及已知视图，在最下面一栏中找出各分题所缺视图，在其左边的圆圈中填上对应的分题号，并将此图抄画在对应的投影位置上。

0-1 看图练习（续）　　　　　　　　　　　　　　　　班级_____ 姓名_____ 学号_____

2. 分析左栏中各物体的立体图，在右栏中找出与其相对应的三视图，将其编号填在该立体图旁的圆圈内。

第一章 制图的基本知识和基本技能

1-1 线型　　　　　　　　　　　　　　　　　　　　　　　班级_____　姓名_____　学号_____

在指定位置画出各类直线和同心圆，注意右下角矩形框内的细实线应等距（目测）。

1-2　字体练习　　　　　　　　班级_____　姓名_____　学号_____

1. 10号长仿宋体字。

图样	上	字	体	端	正	笔	画	清	楚	排	列	整	齐	间
均	匀	长	仿	宋	体	字	横	平	竖	直	注	意	起	落
结	构	匀	称	填	满	方	格	标	题	栏	学	校	设	计	绘
图	校	姓	名	班	级	图	号	数	量	重	零	部	件	名

1-2 字体练习（续）　　　　　班级_____　姓名_____　学号_____

2. 7号长仿宋体字。

（字帖练习格，内容为机械工程相关词汇，每个汉字后留有空格供临摹）

第一列词组：
- 承轴
- 轴钉
- 钉锥
- 锥珠
- 珠动
- 动滚
- 滚簧
- 簧弹
- 弹键
- 键销
- 销口
- 口开
- 开片
- 片圈
- 圈垫
- 垫母
- 母柱
- 柱钉
- 钉螺
- 螺

第二列词组：
- 轮带
- 带皮
- 皮盖
- 盖兰
- 兰法
- 法架
- 架支
- 支叉
- 叉壳
- 壳座
- 座底
- 底体
- 体箱
- 箱汽
- 汽杆
- 杆器
- 器轮
- 轮齿
- 齿减
- 减变

第三列词组：
- 面表
- 表求
- 求要
- 要术
- 术技
- 技液
- 液压
- 压塞
- 塞衬
- 衬密
- 密铺
- 铺盖
- 盖杯
- 杯泵
- 泵油
- 油器
- 器速
- 速

第四列词组：
- 径直
- 直垂
- 垂行
- 行平
- 平轴
- 轴孔
- 孔基
- 基度
- 度精
- 精合
- 合配
- 配差
- 差偶
- 偶公
- 公余
- 余其
- 其度
- 度糙
- 糙粗

第五列词组：
- 铸墨
- 墨球
- 球钢
- 钢料
- 料材
- 材性
- 性换
- 换互
- 互柱
- 柱圆
- 圆椭
- 椭盘
- 盘凸
- 凸回
- 回移
- 移位
- 位动
- 动跳
- 跳向

第六列词组：
- 锁锉
- 锉磨
- 磨钻
- 钻铣
- 铣车
- 车碳
- 碳火
- 火淬
- 淬渗
- 渗理
- 理处
- 处热
- 热镀
- 镀钨
- 钨铬
- 铬铜
- 铜黄
- 黄青
- 青铁
- 铁

1-2 **字体练习**（续）　　　　　　　班级_____　姓名_____　学号_____

3. 拉丁字母的大小写。

ABCDEFGHIJKLMNOPQRSTUVWXYZ

ABCDEFGHIJKLMNOPQRSTUVWXYZ

abcdefghijklmnopqrstuvwxyz

abcdefghijklmnopqrstuvwxyz

1-2 字体练习（续）

4. 阿拉伯数字和罗马数字。

0123456789

I II III IV V VI VII VIII IX X XI XII

0123456789

I II III IV V VI VII VIII IX X

1-3 几何作图　　　　　　　　　班级＿＿＿＿　姓名＿＿＿＿　学号＿＿＿＿

1. 按给定尺寸用 1∶1 的比例在右侧空白处抄画下列图形，并标注斜度、锥度。

(1)

(2)

1-3　几何作图（续）　　　　　　　　　　班级_____　姓名_____　学号_____

2. 等分圆周及绘制非圆曲线［在第（1）、（2）、（4）分题的右侧空白处用1∶1的比例抄画已知图形，第（3）分题按给出的尺寸绘制］。

（1）

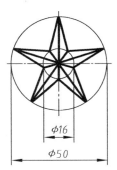

（2）

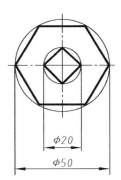

（3）作出椭圆（长轴50mm，短轴30mm）

（4）

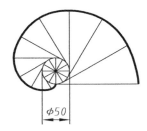

1-3 几何作图（续） 班级_____ 姓名_____ 学号_____

3. 根据各分题左上方小图所注尺寸，完成其右侧对应的图形。

（1）
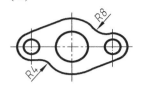
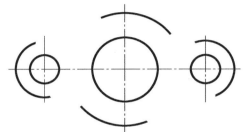

（2）
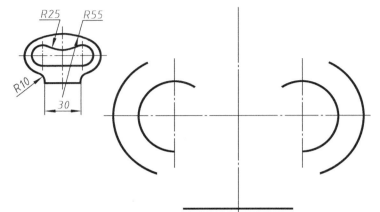

（3）
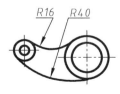

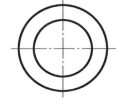

（4）
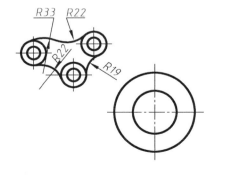
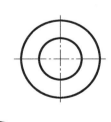

1-4　平面图形的尺寸标注　　　　　　　　　班级＿＿＿＿＿　姓名＿＿＿＿＿　学号＿＿＿＿＿

标注出下列各图形的尺寸，尺寸数值直接从图中量取并圆整至整数，单位为mm。

（1）

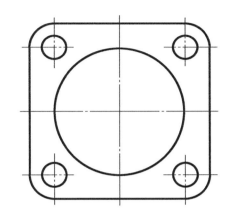

（2）

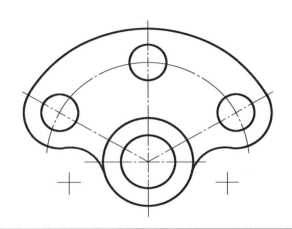

（3）

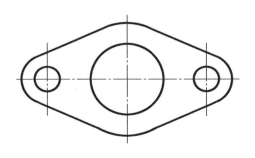

（4）

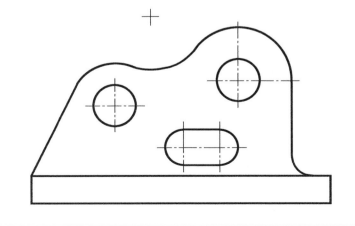

1-5　平面图形综合练习　　　　　　　　　　　　　　　　　班级＿＿＿＿＿　姓名＿＿＿＿＿　学号＿＿＿＿＿

作业指导书

一、目的、内容与要求

（1）目的
1）熟悉国家标准《机械制图》《技术制图》中的一些基本规定（如图线、字体、比例、尺寸标注和标题栏等）。
2）掌握绘图工具和仪器的使用方法。
3）掌握平面图形的分析、绘制及尺寸标注。

（2）内容
1）抄画线型（不注尺寸）。
2）抄画零件轮廓（选画一个图形，并注尺寸，详细内容见第13、14页）。

（3）要求　图形正确、布置适当、线型合格、字体工整、尺寸完整、连接光滑、图面整洁，并注意符合相应国家标准。

二、图名、图幅与比例

1）图名：基本练习。
2）图幅：A3。
3）比例：1∶1。

三、绘图步骤及注意事项

1）做好绘图前的准备工作。将绘图桌安排在采光较好的位置。明确作业要求，对所画图形仔细分析研究，以确定正确的作图步骤。清洁所用的绘图仪器、工具，磨削好铅笔及圆规上的铅芯，准备好胶带、纸、橡皮等用品。洗手后便可着手绘图。

2）固定图纸，画出图框线和标题栏。当图纸较小时，应将图纸布置在图板的左下方，但离图板底边的距离必须大于丁字尺的宽度。用丁字尺的导边对准图纸上方的水平图框线或图幅上边缘，再向下移动一小段距离，用胶带固定好图纸的左上和右上两角，然后将丁字尺连续下移至距图幅下边缘一段距离，固定好左下和右下两角。若使用未印好图框格式的图纸，则还需要画出图框线和标题栏。

3）布置图面。估算各图形的面积（包括所注尺寸），将所画图形均匀地布置在图纸上。

4）轻画底稿。用较硬的铅笔轻轻地画出各图底稿：①画轴线或对称中心线；②先画主要轮廓，后画细部结构，对于圆弧连接，作出正确的连接点（切点）及连接弧的圆心；③标注尺寸；④画剖面符号；⑤检查并整理图面，擦去多余或过长的线条，为了不损坏有效图线，可使用擦图片。

5）检查、校核，清理图面，擦去多余的作图线。

6）加深图线。粗实线的线宽约为 0.7~0.9mm，细实线、细点画线、虚线的线宽约为 0.2~0.3mm；虚线的短画，长度约为 4mm，间隙为 1mm；细点画线的长画长度约为 15~20mm，间隙及点共约 3mm。粗线用 HB~2B 铅芯，细线用 H 或 HB 铅芯，文字用 HB 铅芯，圆规铅芯要比铅笔的铅芯软。

7）尺寸标注。箭头宽度约为 0.7~0.9mm，长度约为 5mm；尺寸数字用 3.5 号字。

8）填写标题栏。单位、图名、图号、材料等用 10 号字，其余用 7 号（或 5 号）字。图中文字均采用工程字体。

1-5 平面图形综合练习（续）　　　　　班级_____　姓名_____　学号_____

在 A3 图纸上用 1∶1 的比例抄画出两个图形 [分题（1），以及分题（2）~（4）中的任意一个]。

（1）线型

（2）吊钩

1-5 平面图形综合练习（续） 班级_____ 姓名_____ 学号_____

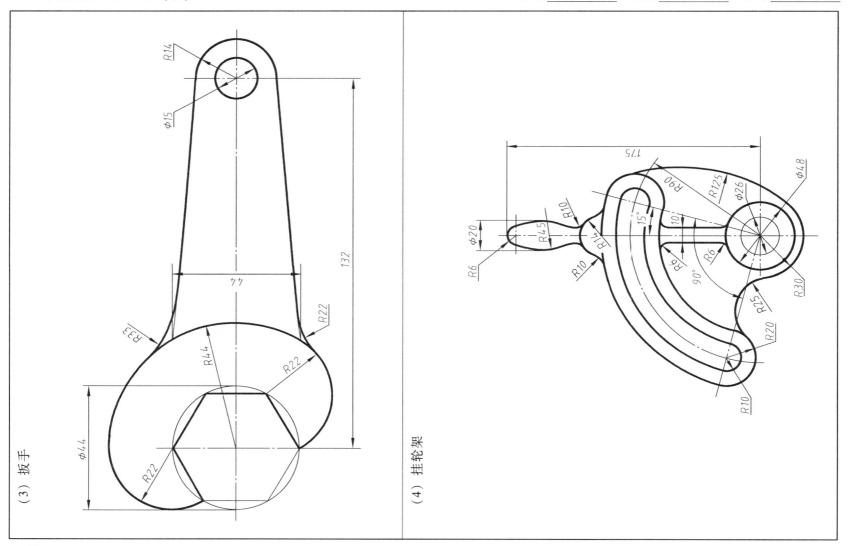

（3）扳手

（4）挂轮架

第二章 几何元素的投影

2-1 点的投影　　　　班级_____ 姓名_____ 学号_____

1. 已知点 A（25，10，15）、B（0，20，10）、C（15，0，25）、D（35，0，0），求作出它们的投影图和轴测图（立体图）。

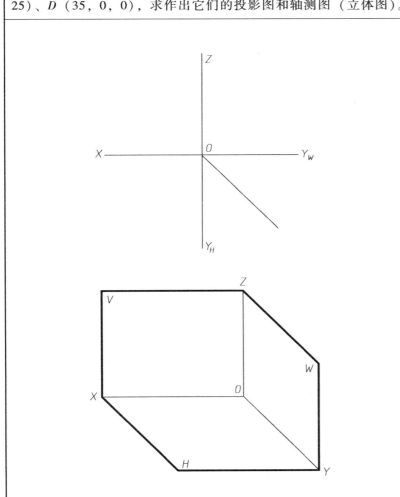

2. 已知各点的两面投影，试画出第三面投影。

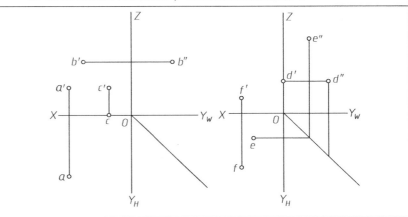

3. 已知点 B 在点 A 左方 5mm、下方 15mm、前方 10mm；点 C 在点 A 正前方 15mm。试作出点 B、C 的三面投影。

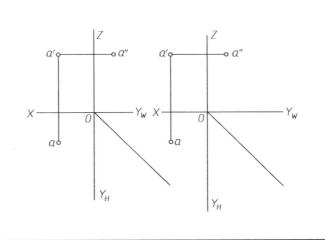

2-1 点的投影（续）　　　　班级_____ 姓名_____ 学号_____

4. 判别下列各对重影点的相对位置并填空。

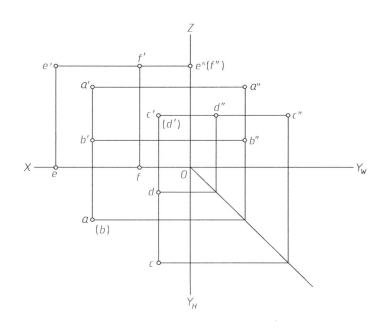

1. 点 A 在点 B 的____方____mm。
2. 点 D 在点 C 的____方____mm。
3. 点 F 在点 E 的____方____mm，且该两点均在____面上。

5. 已知点 A 距 H 面 20mm，距 V 面 10mm，距 W 面 20mm；点 B 在点 A 的正左方 15mm；点 C 在点 A 前方 10mm，右方 10mm，距 H 面 10mm。试画出各点的三面投影。

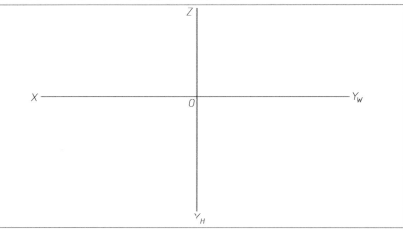

6. 在物体的投影图中指出 A、B、C 三点的三面投影。

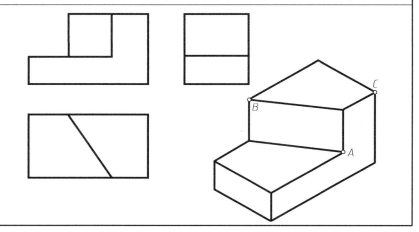

2-2 直线的投影   班级_____ 姓名_____ 学号_____

1. 已知点 S（25，15，40）、A（40，10，0）、B（25，35，0）、C（5，0，0）。试画出线段 SA、SB、SC 的三面投影。

2. 根据物体的立体图，在投影图中标出 AB、BC、CD、DE 各线段的三面投影，并说明各直线的投影特性。

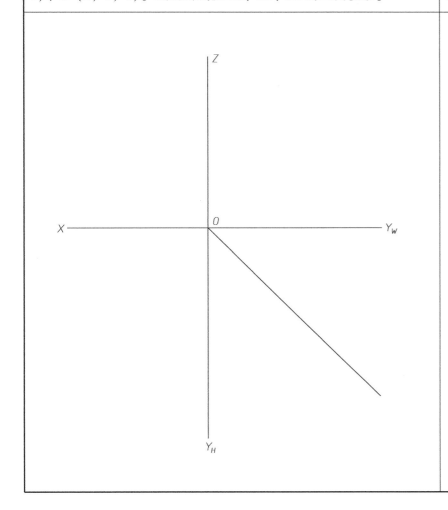

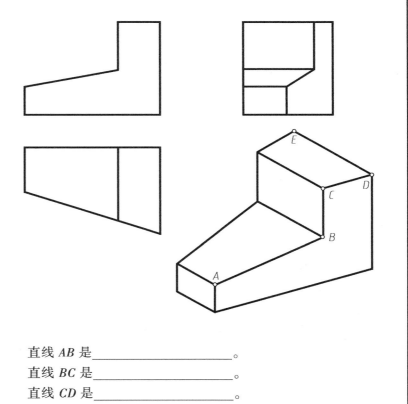

直线 AB 是_____。

直线 BC 是_____。

直线 CD 是_____。

直线 DE 是_____。

2-2 直线的投影（续）　　　班级_____　姓名_____　学号_____

3. 已知点 B 距 H 面 25mm，点 C 距 V 面 5mm，试作出直线 AB、CD 的三面投影。

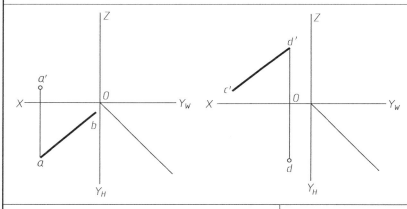

4. 已知正平线 AB 与 H 面的倾角 $\alpha = 30°$，点 B 在 H 面上，求作直线 AB 的三面投影。

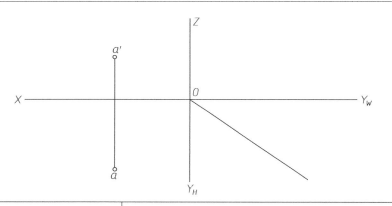

5. 在直线 AB 上求一点 K，使点 K 与 H、V 面的距离之比为 3：2。

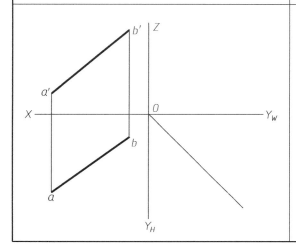

6. 在直线 DE 上求一点 K，使线段 $DK = 18$mm。

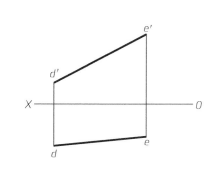

7. 已知点 K 在直线 EF 上，求作点 k'。

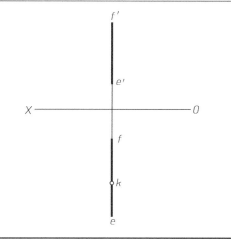

2-3 两直线的相对位置　　　　班级_____　姓名_____　学号_____

1. 判别 AB、CD 两直线的相对位置，填在各图右下方的横线上。

(1)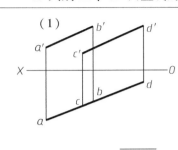

(2)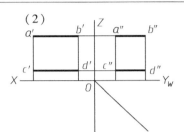

(3)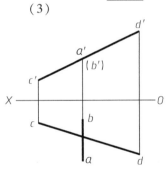

(4)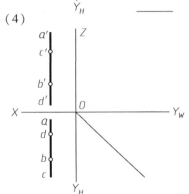

(5)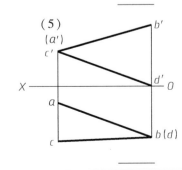

(6)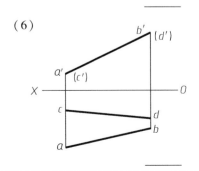

2. 过点 M 作一长度为 20mm 的侧平线 MN 与直线 AB 相交。

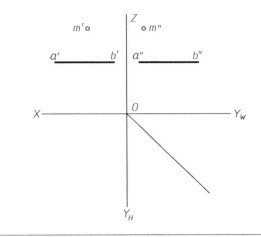

3. 作直线 MN 与已知直线 AB、CD 垂直相交。

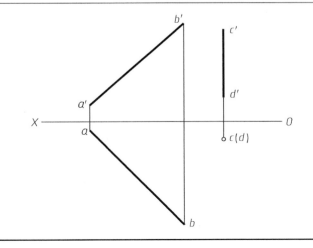

2-4 平面的投影　　　　　　　　　　　　　　　班级_____ 姓名_____ 学号_____

在下列物体的投影图上标注完全指定平面的三面投影，并在立体图上也对应注出，再将各平面的类型填在对应的横线上。

（1）

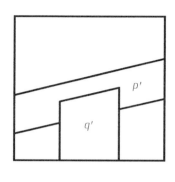
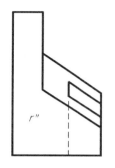
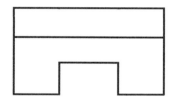
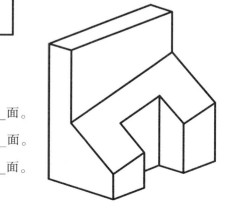

P 面是_____面。

Q 面是_____面。

R 面是_____面。

（2）

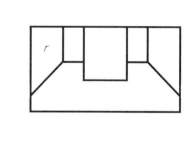
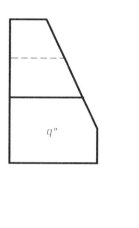

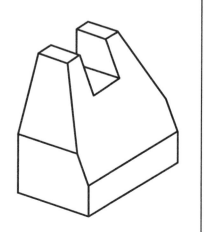

P 面是_____面。

Q 面是_____面。

R 面是_____面。

2-5　平面上的点和直线　　　　　　　　　　　　　　　　　　　　　　　　班级_____　姓名_____　学号_____

1. 判别 A、B、C、D 四点是否属于同一平面。

2. 在 △ABC 内求一点 K，使点 K 距 H 面 12mm，距 V 面 15mm。

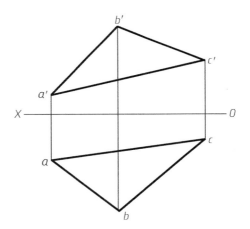

3. 补全四边形的正面投影。

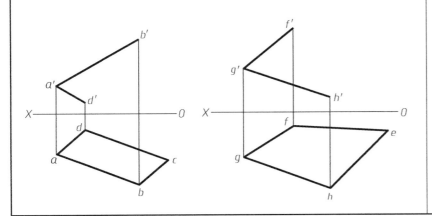

4. 补全五边形的水平投影。

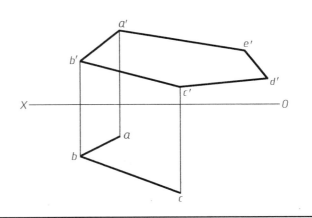

2-6　实长、实形、倾角的求法（直角三角形法）　　班级_____　姓名_____　学号_____

1. 作出线段 AB 的实长及其对三个投影面的倾角 α、β、γ。	2. 已知线段 AB 的水平投影 ab 及 a′，倾角 β＝30°，试完成其三面投影。	3. 已知直线段 CD 的正面投影 c′d′ 及点 C 的水平投影 c，线段 CD 实长为 22mm，试完成其三面投影。
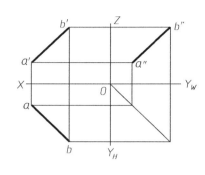	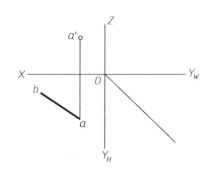	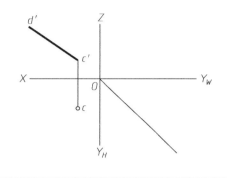
4. 已知正方形 ABCD 的边 CD 比边 AB 低 20mm，试完成正方形的两投影。	5. 以水平线 AC 为对角线，作一正方形 ABCD，其中点 B 距 H 面为 25mm。	6. 作一个等腰△ABC，其底边 BC 在正平线 EF 上，底边中点为 D，顶点 A 在直线 GH 上，并已知 AB＝AC＝25mm。
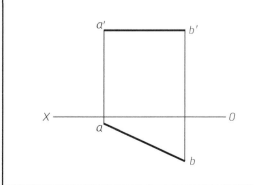	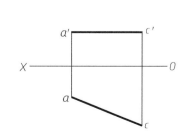	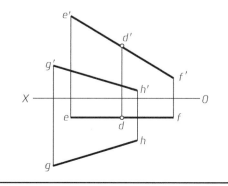

2-7 立体的投影   班级_____ 姓名_____ 学号_____

1. 补全下面各立体的三面投影并标注完全平面 P、Q、R 和曲面 Π、Σ、Ω 在各自三面投影中的位置（积聚性投影用引出标注，代表面的不可见投影的字符置于括号中）。

（1）

（2）
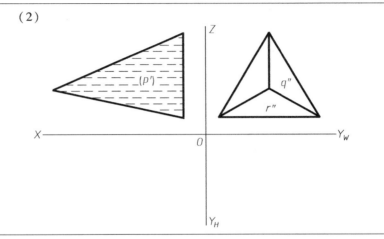

（3）
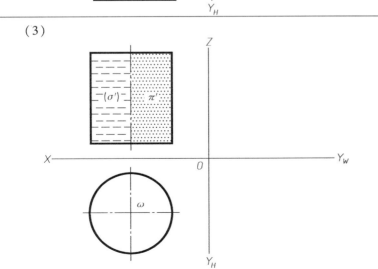

（4）
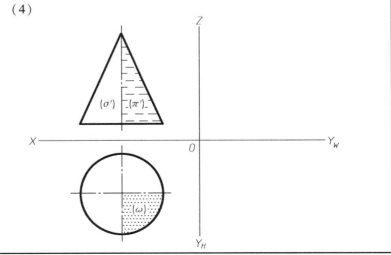

2-7 立体的投影（续）　　　　　　　　　班级_____ 姓名_____ 学号_____

2. 标注曲面 $\varPi$、$\varSigma$、$\varOmega$ 和曲线 L_1、L_2、L_3 的三面投影（或投影位置）。

（1）
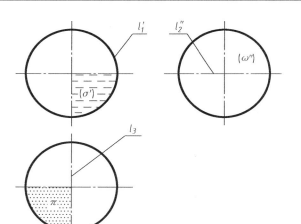

（2）
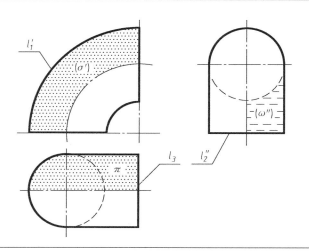

3. 补全立体的三面投影，并求出立体表面上指定点、线的其他投影。

（1）
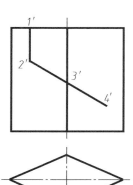

（2）
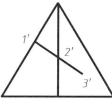
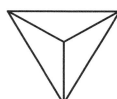

2-7 立体的投影（续）　　　　　　　　　　班级_____　姓名_____　学号_____

4. 标注完全各立体表面上指定点、线的三面投影。

（1）
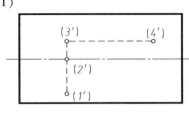
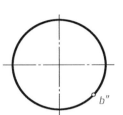

（2）
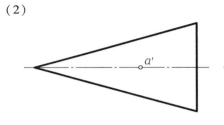
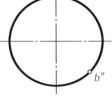

（3）
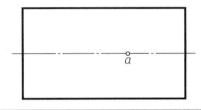

（4）
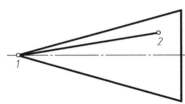

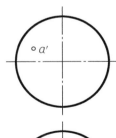
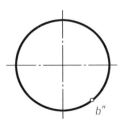

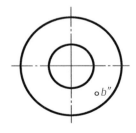
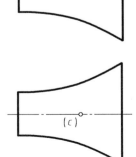

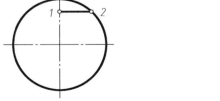

第三章 几何元素的相对位置

3-1 平行问题   班级_____ 姓名_____ 学号_____

判别下列直线与平面或两平面是否互相平行。

（1）$a'b'c'd' /\!/ e'f'$

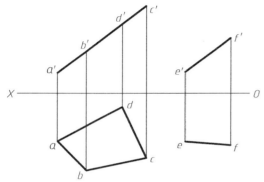

直线 EF 与四边形 ABCD _____。

（2）$a'b' /\!/ d'e'$，$ab /\!/ df$

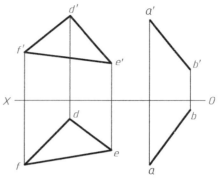

直线 AB 与 △DEF _____。

（3）$abcd /\!/ efg$

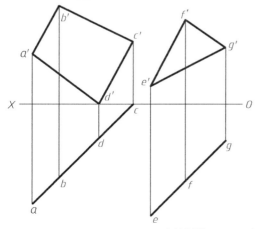

四边形 ABCD 与 △EFG _____。

（4）$ab /\!/ cd /\!/ efg$，$a'b' /\!/ c'd' /\!/ e'f'$

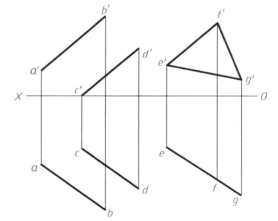

平面 ABCD（AB // CD）与 △EFG _____。

3-2 相交问题   班级_____ 姓名_____ 学号_____

1. 求特殊位置直线与一般位置平面的交点，并判别可见性。

2. 求特殊位置平面与直线的交点，并判别可见性。

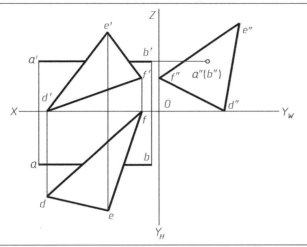
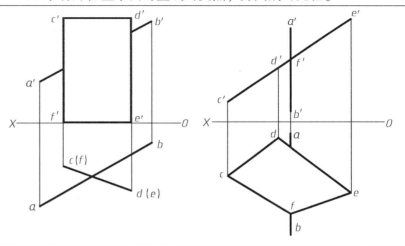

3. 求特殊位置平面与一般位置平面的交线，并判别可见性。

4. 补全侧垂面与一般位置平面交线的两面投影，并判别可见性。

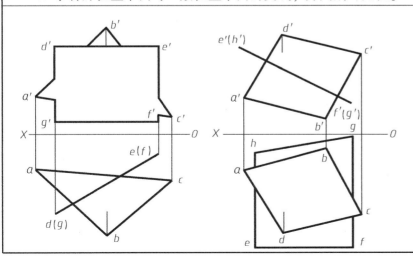
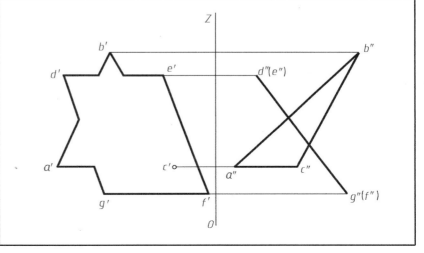

3-3 垂直问题　　　　　　　　　　　　　　　　　　　　　　　　　班级_____　姓名_____　学号_____

1. 过点 K 作平面的垂线，并求出垂足。	2. 过直线 AB 作一个平面垂直于平面 △DEF。
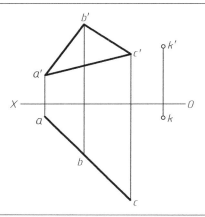	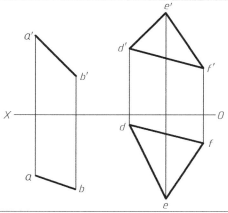
3. 已知两铅垂面互相垂直，试补全 △ABC 的水平投影。	4. 正方形 DEFG 所在的平面与 △ABC 所在的平面垂直相交，交线为 MN。该正方形的边长为 20mm，其中有一对边为铅垂线，并知其交点 D 的正面投影，试补全该正方形的两面投影。
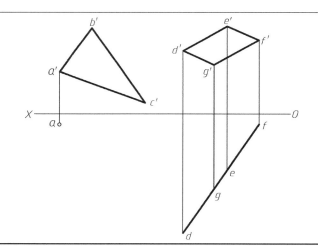	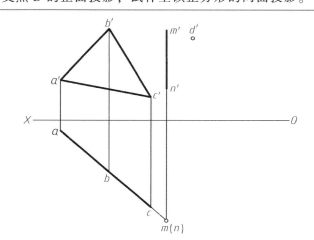

3-4 平面与立体相交 　　　　班级_____ 姓名_____ 学号_____

1. 完成棱柱被截切后的水平投影和侧面投影。

（1）

（2）

2. 完成棱锥被截切后的水平投影和侧面投影。

（1）

（2）

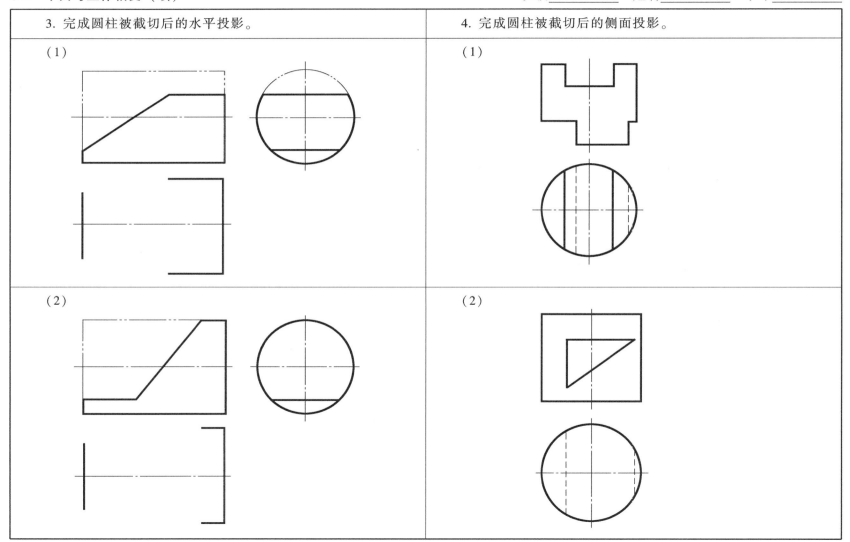

3-4 平面与立体相交（续）　　　　　　　班级_____　姓名_____　学号_____

5. 完成圆锥被截切后的水平投影和侧面投影。

（1）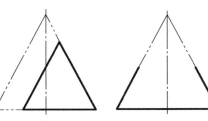

（2）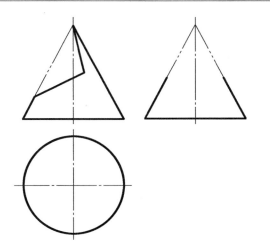

（3）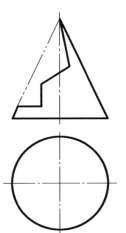

6. 完成立体的侧面投影。

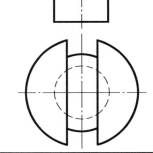

3-4 平面与立体相交（续）　　　　班级＿＿＿＿　姓名＿＿＿＿　学号＿＿＿＿

7. 完成半个圆球与平面 P 的截交线的水平投影和侧面投影。	8. 完成半个圆球被截切后的正面投影和侧面投影。
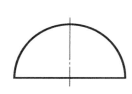	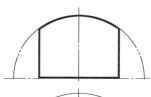 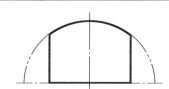
	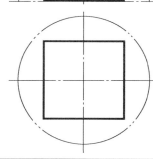
9. 完成半个圆球被穿槽后的水平投影和侧面投影。	10. 完成立体的侧面投影。
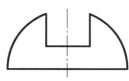 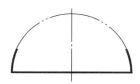 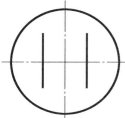	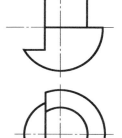 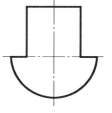

3-4 平面与立体相交（续）　　　　班级_____　姓名_____　学号_____

11. 完成立体的正面投影。

12. 完成组合回转体被截切后的正面投影。

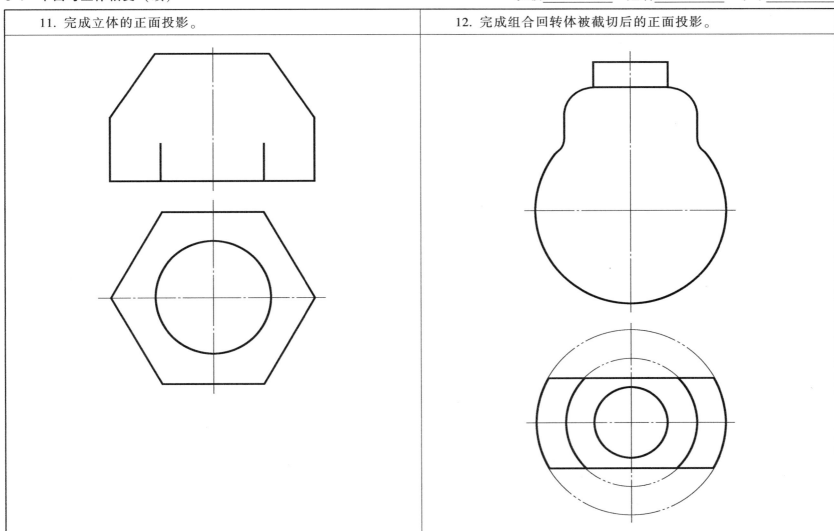

3-5 两立体相交　　　　　　　　　　　　　班级＿＿＿＿　姓名＿＿＿＿　学号＿＿＿＿

| 1. 完成两个圆柱正交后的正面投影。 | 2. 完成两个圆柱偏交后的侧面投影。 |

3-5 两立体相交（续）　　　　　　　　　　班级_____　姓名_____　学号_____

3. 完成圆柱与圆锥正交后的正面投影和侧面投影。

4. 完成圆柱与圆锥偏交后的三面投影。

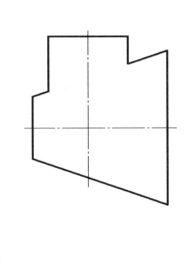
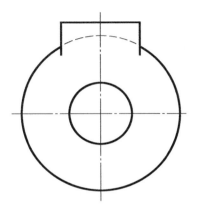
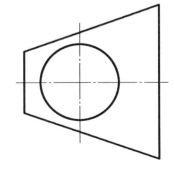
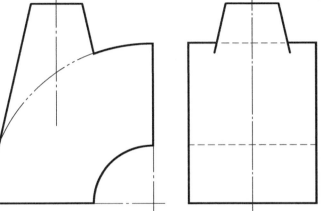
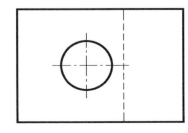

3-5 两立体相交（续） 班级_____ 姓名_____ 学号_____

5. 完成圆柱与半圆球偏交后的三面投影。

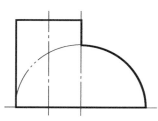
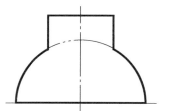
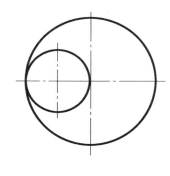

6. 完成球冠部分被圆柱面截切后的正面投影。

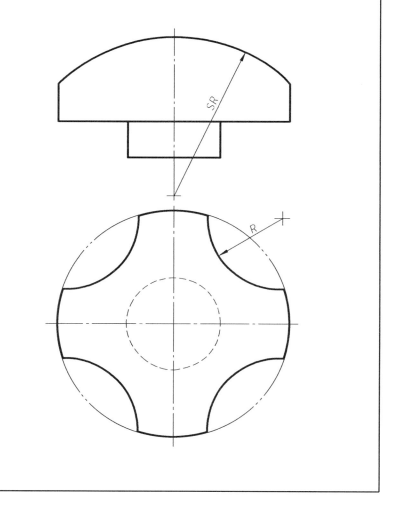

3-5 两立体相交（续）　　　　　　　　　　班级＿＿＿＿＿ 姓名＿＿＿＿＿ 学号＿＿＿＿＿

7. 作出下列各立体的特殊相贯线。

(1)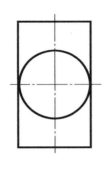

(2)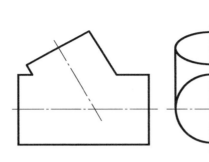

(3)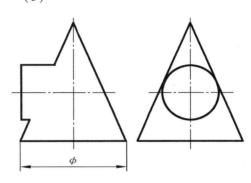

(4)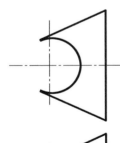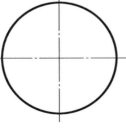

(5)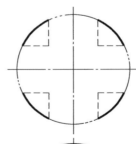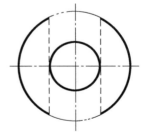

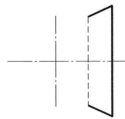

· 37 ·

第四章 组合体

4-1 补全三视图中所缺的线条   班级_____ 姓名_____ 学号_____

参照立体图，补全三视图中所缺的线条。

（1）

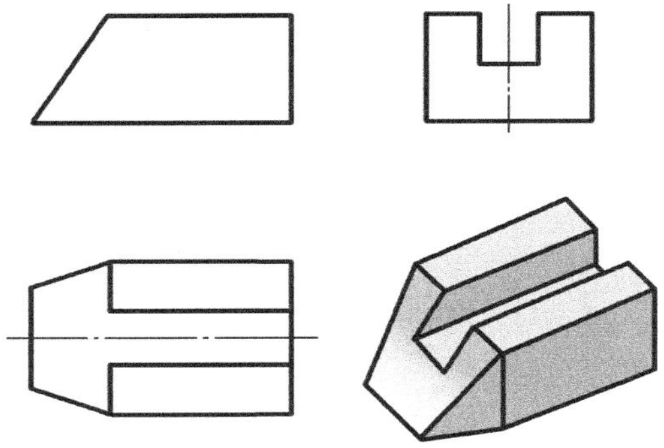

（2）

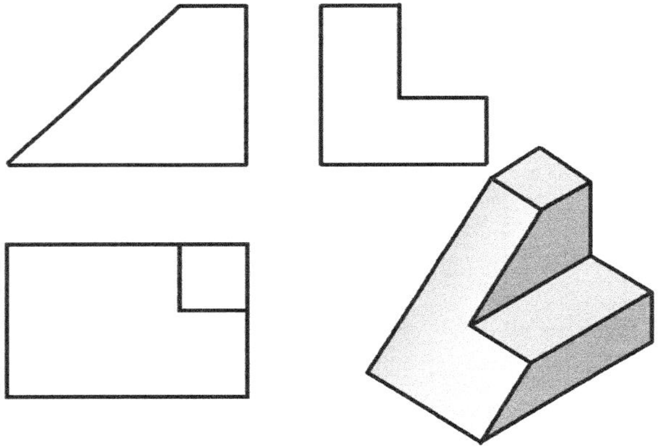

（3）

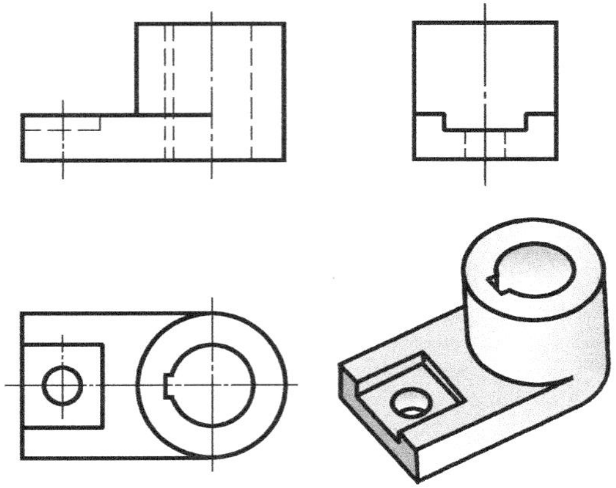

（4）

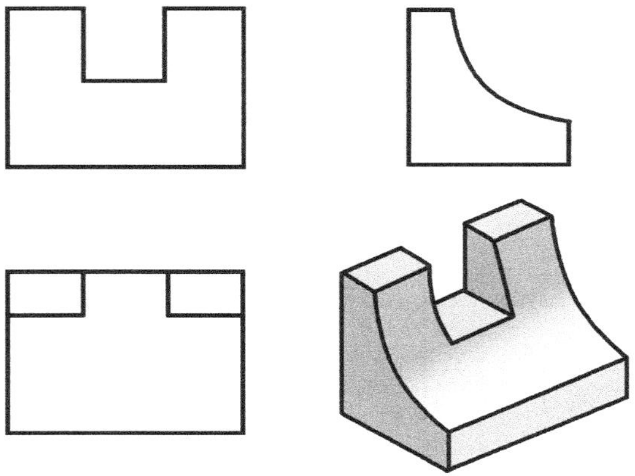

4-1 补全三视图中所缺的线条（续）　　　　　　班级_____　姓名_____　学号_____

参照立体图，补全三视图中所缺的线条。（续）

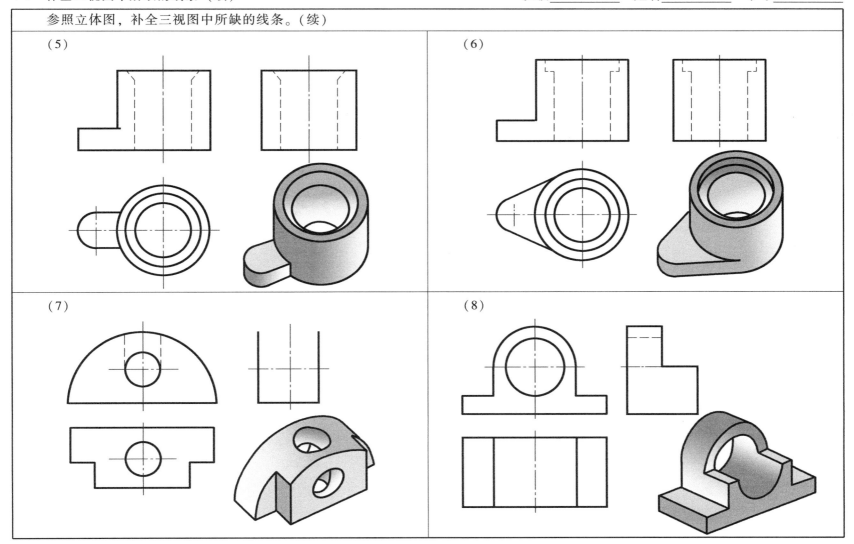

4-2　用形体分析法读、画组合体的三视图　　　　　　　班级_____　姓名_____　学号_____

由物体的轴测图画其三视图。

（1）

（2）

4-2 **用形体分析法读、画组合体的三视图**（续）　　　　班级_____　姓名_____　学号_____

由物体的轴测图画其三视图。（续）

（3）

（4）

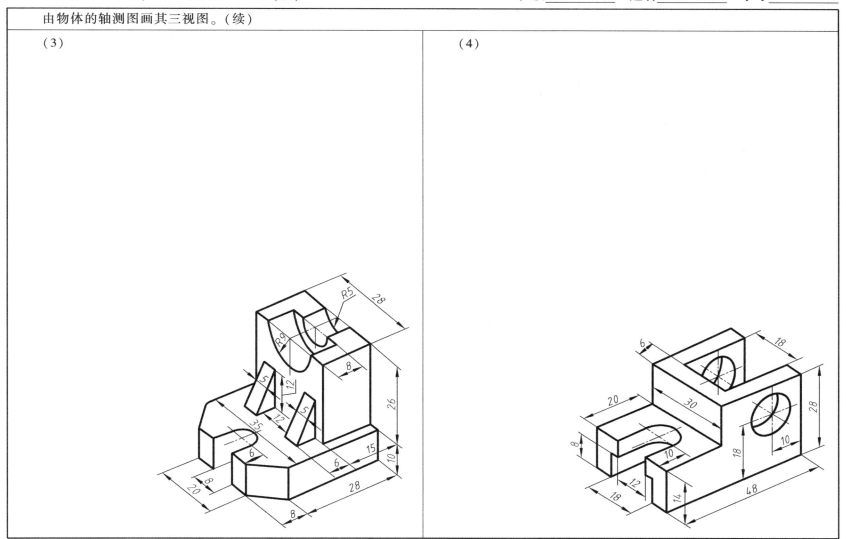

4-2 用形体分析法读、画组合体的三视图（续）　　　　班级_____　姓名_____　学号_____

由物体的轴测图画其三视图。(续)

（5）

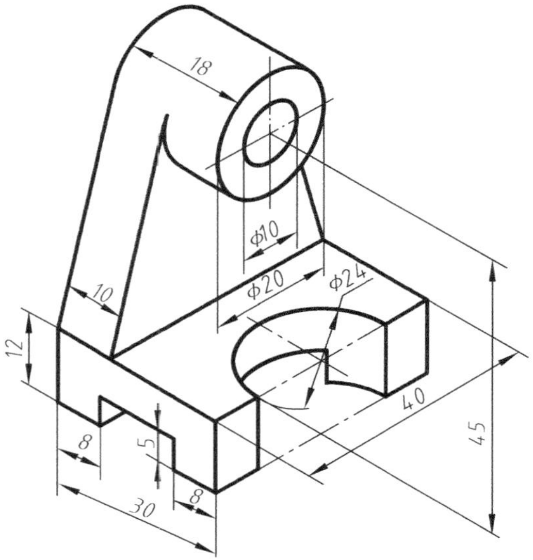

（6）

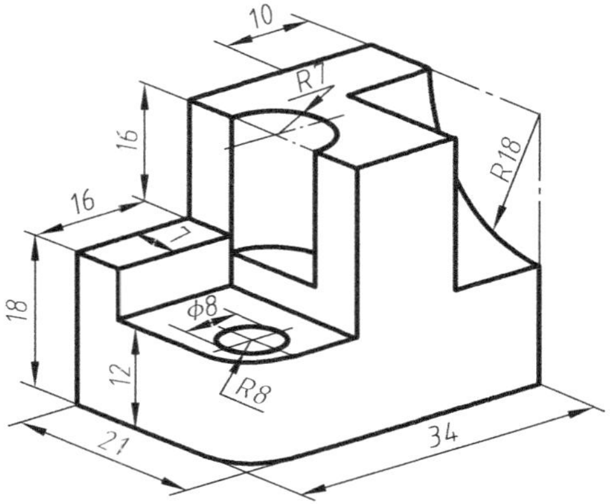

4-2 用形体分析法读、画组合体的三视图（续）　　　班级_____　姓名_____　学号_____

由物体的轴测图画其三视图。（续）

(7)

(8)

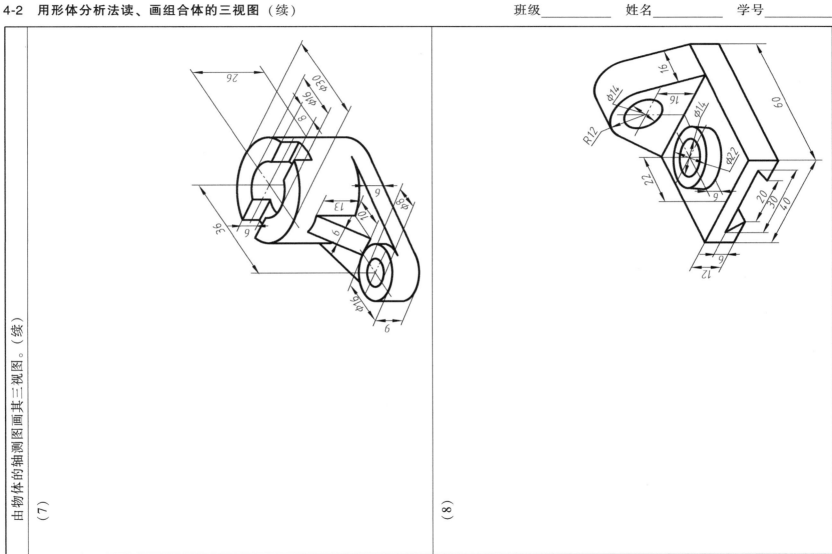

4-3 组合体视图的尺寸标注

1. 参照各物体的立体图，标注其三视图上的尺寸 [注意分题（3）是由分题（1）、（2）组成］。

（1）

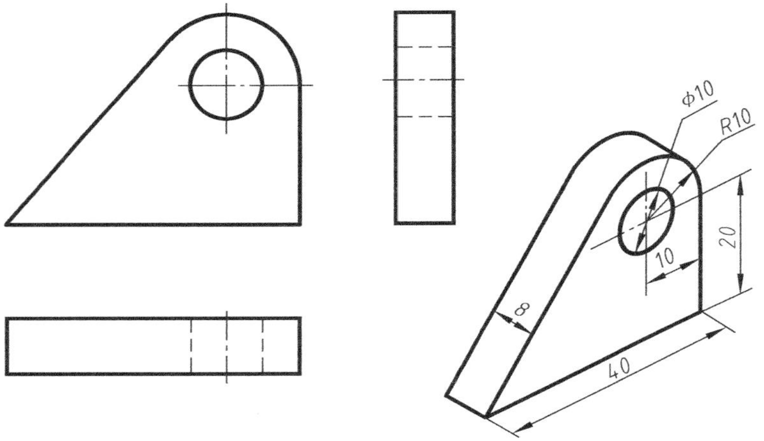

（2）

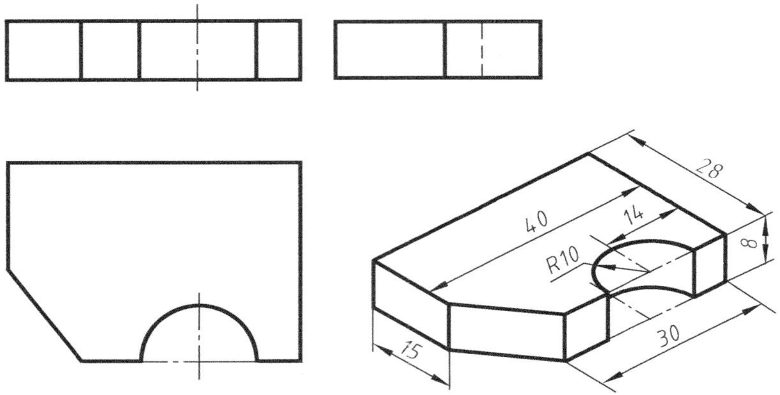

（3）

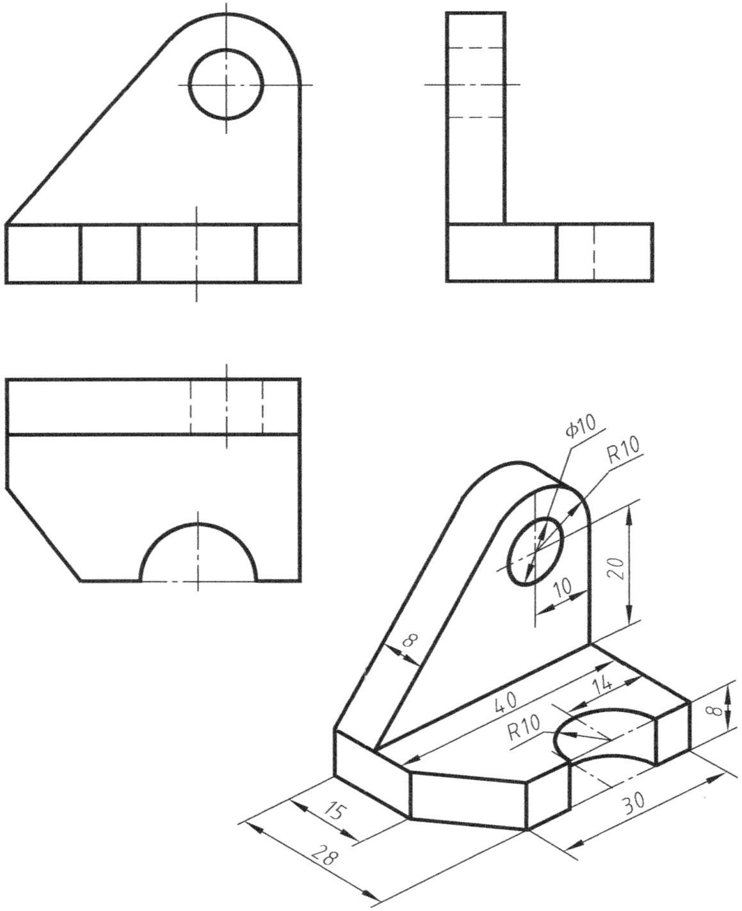

4-3 组合体视图的尺寸标注（续）　　　班级_____ 姓名_____ 学号_____

2. 看懂视图后标注尺寸，尺寸数值直接从图中量取，以 mm 为单位圆整到整数。

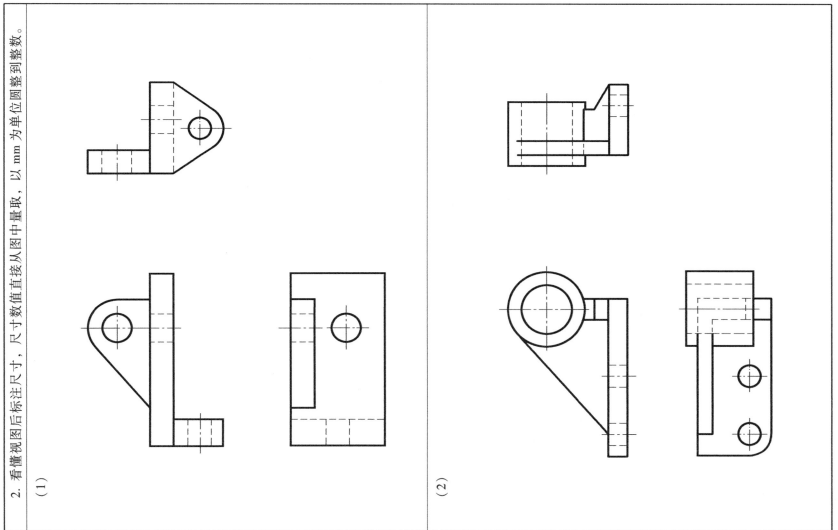

(1)　　　　　　　　　　　　　　　　(2)

4-4 由立体图画三视图

班级_____ 姓名_____ 学号_____

作业指导书

一、目的、内容与要求

(1) 目的、内容 进一步理解及巩固"物"与"图"之间的对应关系，运用形体分析法，根据立体图（或模型）绘制组合体的三视图，并标注尺寸。本作业共 3 个分题，不同专业按需要完成其中 1~2 个分题。

(2) 要求 完整表达组合体的内、外形状，标注尺寸要完整、清晰，并符合国家标准规定。

二、图名、图幅与比例

1) 图名：由立体图画三视图。
2) 图幅：A3。
3) 比例：1∶1。

三、绘图步骤与注意事项

1) 对所绘组合体进行形体分析，选择主视图，按立体图所注尺寸（或模型实际大小）布置三个视图的位置（注意在视图之间预留标注尺寸的位置），画出各视图的中心轴线和底面（顶面）位置线。

2) 逐步画出组合体各部分的三视图（注意两表面相交或相切时的画法）。

3) 标注尺寸应注意不要照搬轴测图上的尺寸注法，尺寸的配置以"尺寸完整、注法标准、配置适当"为原则。

4) 完成底稿，经仔细校核后用铅笔加深。

5) 图线、尺寸标注、标题栏的要求与上一次作业相同。

(1) 支架

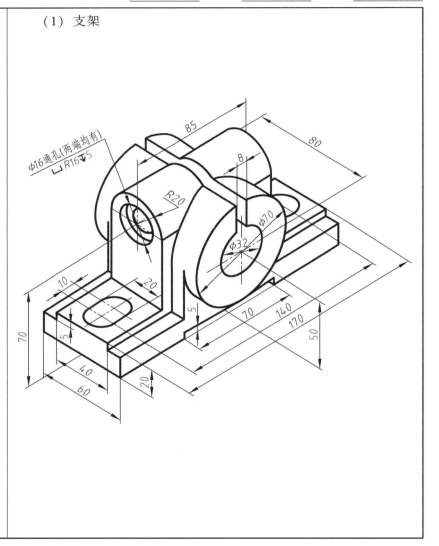

4-4 由立体图画三视图（续）　　　　　　　　班级_____ 姓名_____ 学号_____

（2）座盖

（3）支架

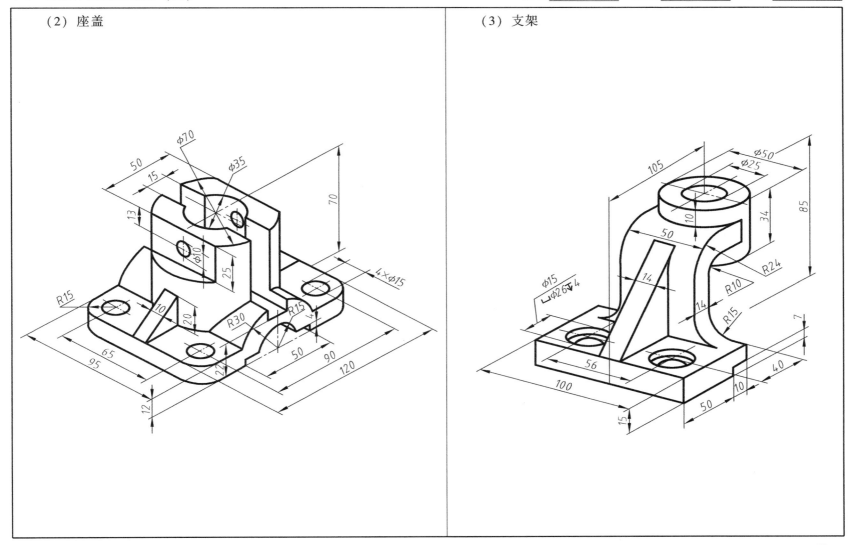

4-5　三视图中的线面分析　　　　　　　　　　班级_____　姓名_____　学号_____

1. 补画视图中所缺的线条，标出指定线、面在其他视图中的投影，并判别它们与投影面或相互之间的相对位置（填在横线上）。

（1）

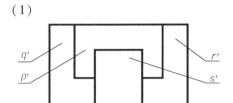

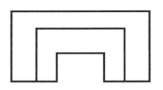

平面 P 是_____面。
平面 Q 是_____面。
平面 Q 在平面 S 之_____。

（2）

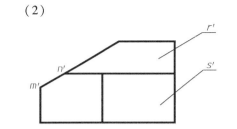
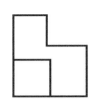

平面 P 是_____面。
直线 MN 是_____线。
平面 S 在平面 R 之_____。

（3）

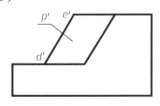

平面 P 是_____面。
平面 Q 在平面 R 之_____。
直线 DE 是_____线。

（4）

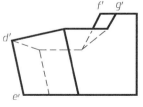
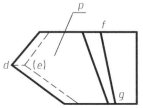
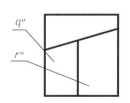

平面 P 是_____面。
平面 Q 是_____面。
平面 R 是_____面。
直线 DE 是_____线。
直线 FG 是_____线。

4-5 三视图中的线面分析（续）

2. 补画物体视图中所缺的线条，注意类似形体的联系。

(1) (2) (3) (4)

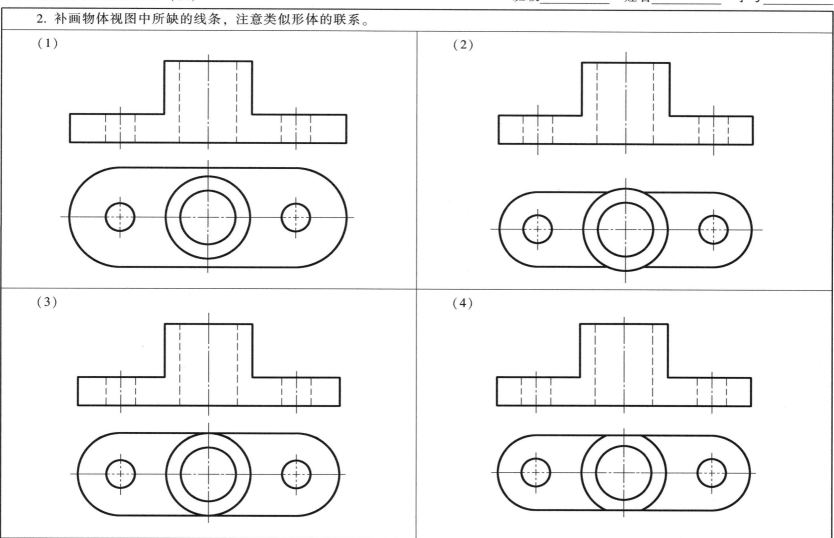

4-6 按视图构造物体   班级_____ 姓名_____ 学号_____

看懂分题（1）的两个视图，如果俯视图变成分题（2）~（6）所示图形，主视图相应部分高度不变，试画出它们的主视图。

(1)

(2)

(3)

(4)

(5)

(6)

4-7 读图练习　　　　　　　班级_____ 姓名_____ 学号_____

1. 由物体的两个视图，构思其形状，补画其第三视图。

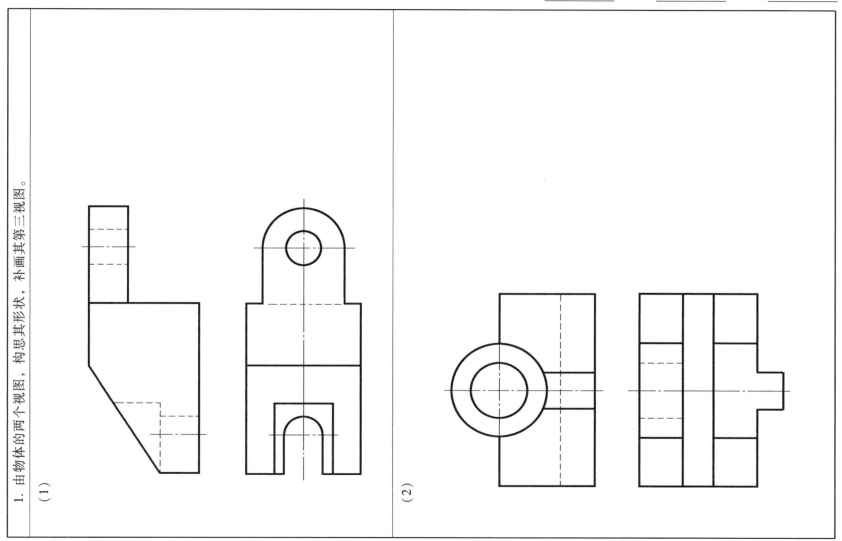

(1)

(2)

4-7 读图练习（续） 班级_____ 姓名_____ 学号_____

1. 由物体的两个视图，构思其形状，补画其第三视图。（续）

（3）

（4）

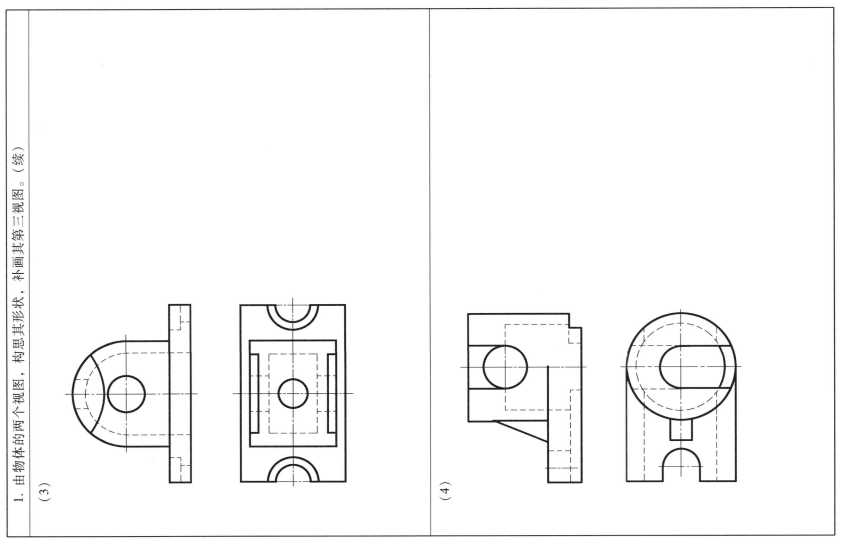

4-7 读图练习（续）

2. 补画物体视图中所缺的线条。

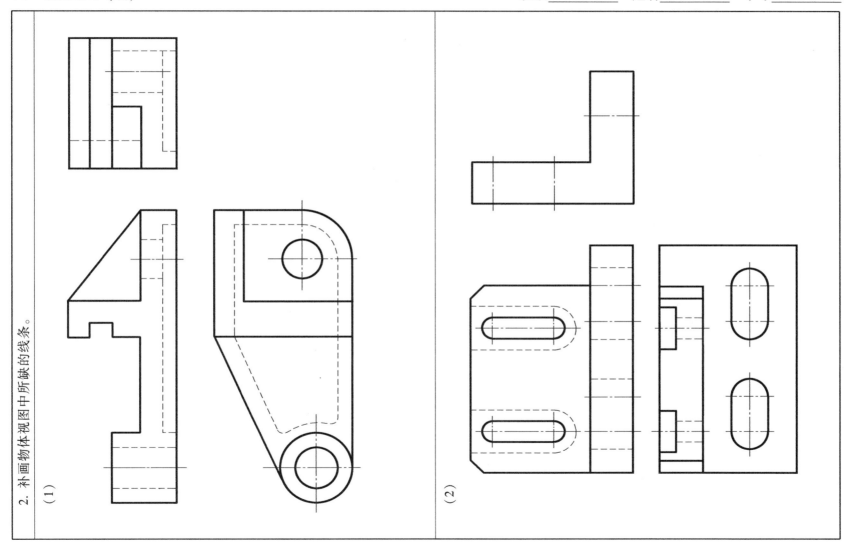

(1)

(2)

4-8 补图及标注尺寸综合练习 　　　　　　班级_____　姓名_____　学号_____

根据已给的两个视图及尺寸，补画俯视图，再在 A3 图纸上，用 1∶1 的比例画出三视图，并标注尺寸（图名为"画物体的三视图"，作业要求同前）。

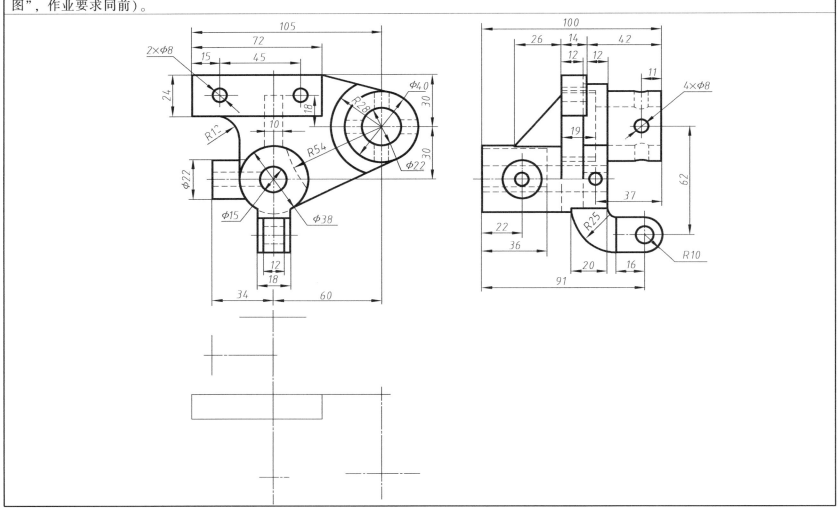

第五章 机件的表达方法

5-1 视图

班级_____ 姓名_____ 学号_____

1. 根据支架的三视图，读懂支架形状并补画其后视图。

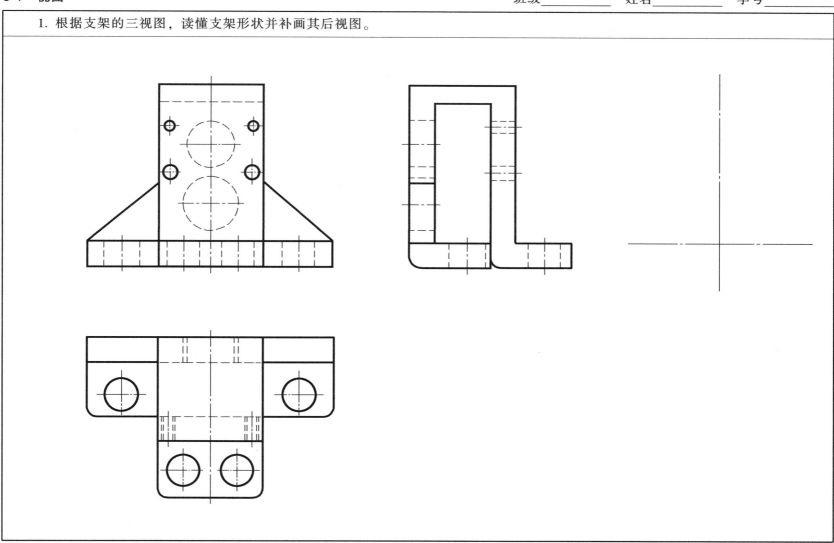

5-1 视图（续）

2. 根据零件的视图及立体图，画出各斜视图及局部视图。

(1)

(2)

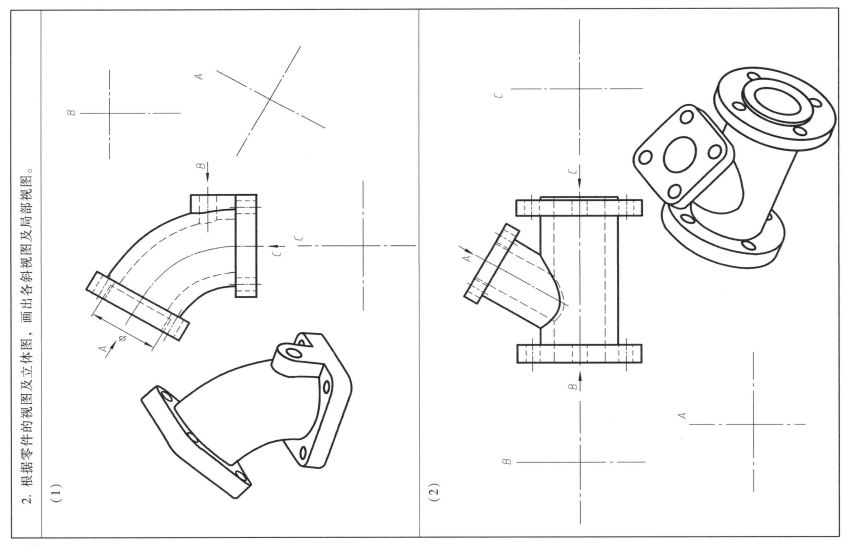

5-2 剖视图   班级_____ 姓名_____ 学号_____

1. 补画剖视图中缺漏的图线。

(1)

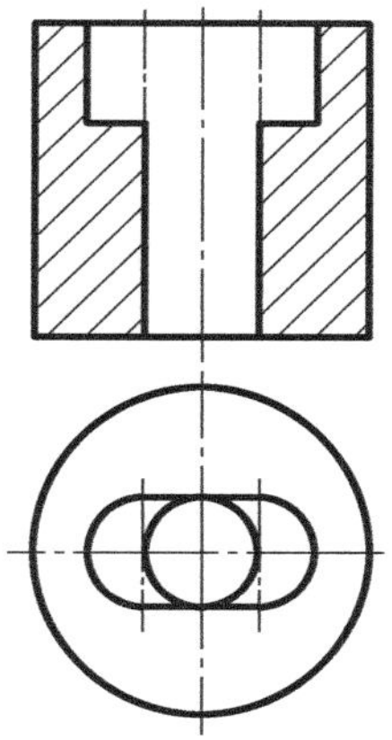

(2)

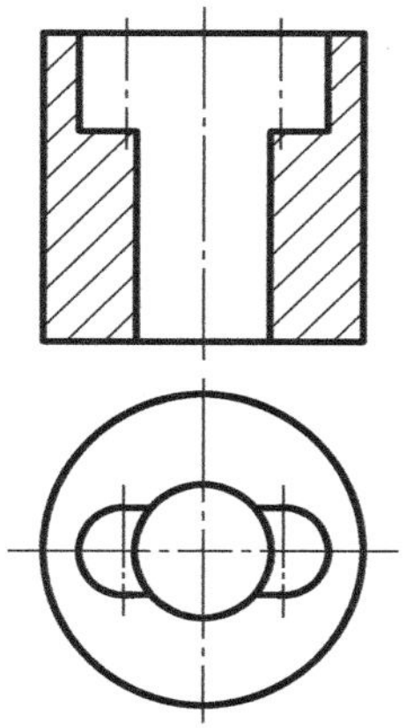

(3)

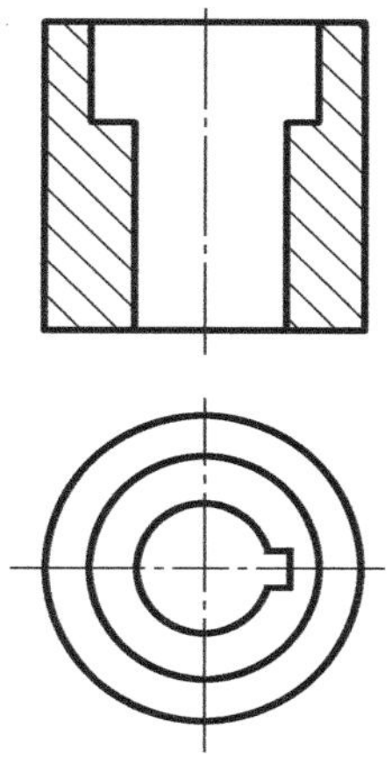

(4)

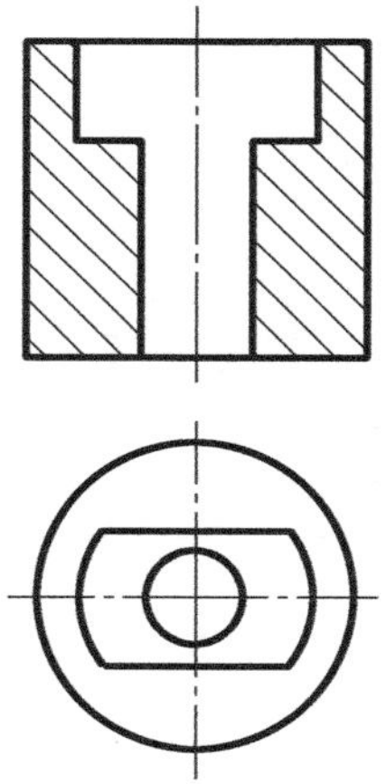

(5)

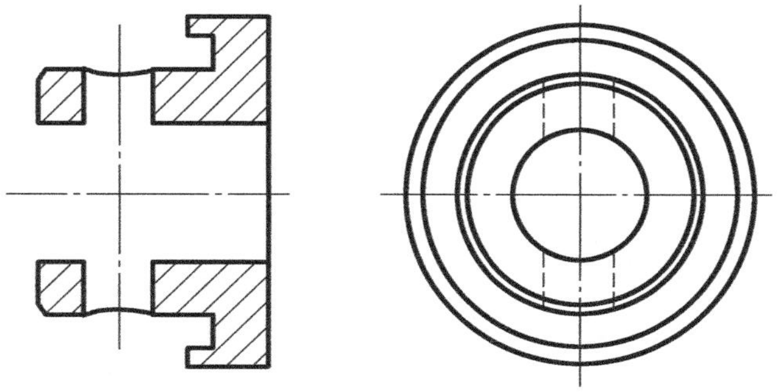

(6)

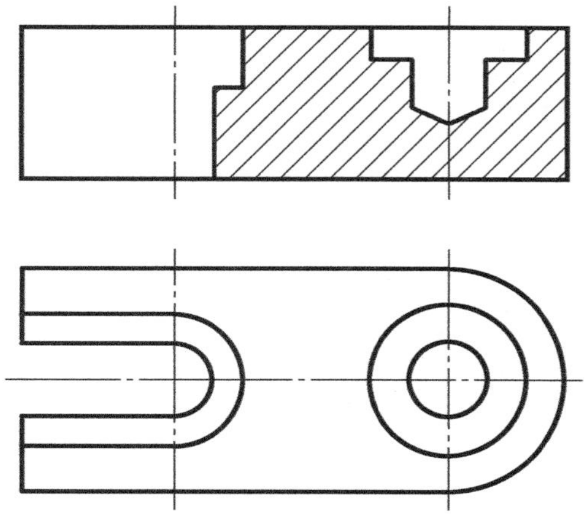

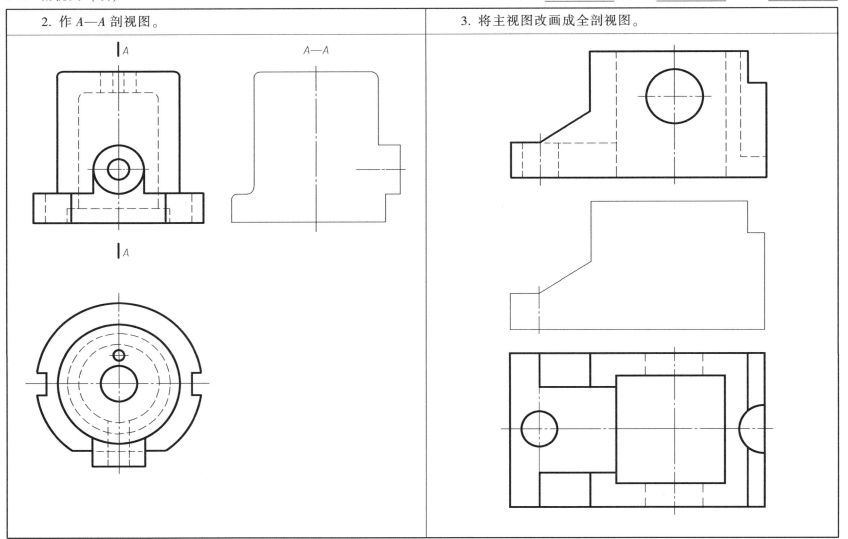

5-2 剖视图（续）

4. 将主视图改画成全剖视图，俯、左视图改画成半剖视图。

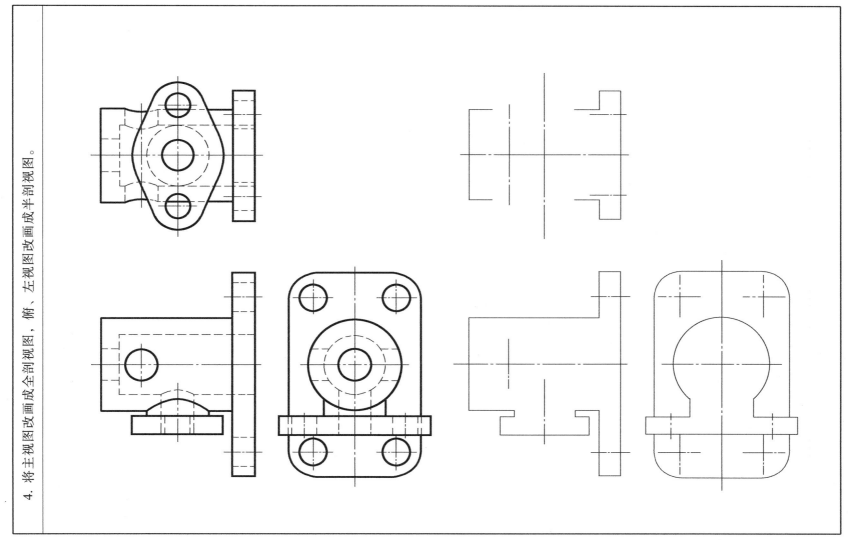

5-2 剖视图（续）　　　　　　　　　　　　班级＿＿＿＿　姓名＿＿＿＿　学号＿＿＿＿

5. 将 A 向视图改画成全剖的主视图，并作出半剖的左视图（剖切面通过 B—B 位置）。

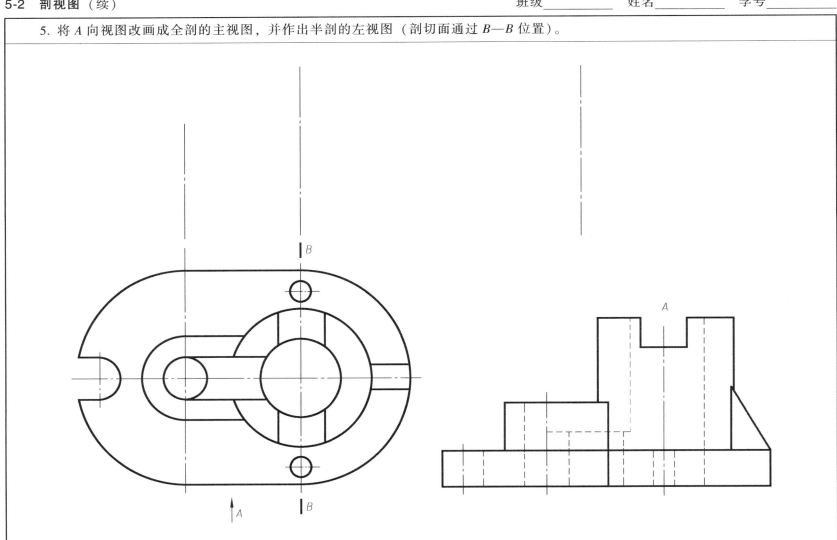

5-2 剖视图（续）

6. 采用适当的局部剖视图，将零件内部结构表达清楚。

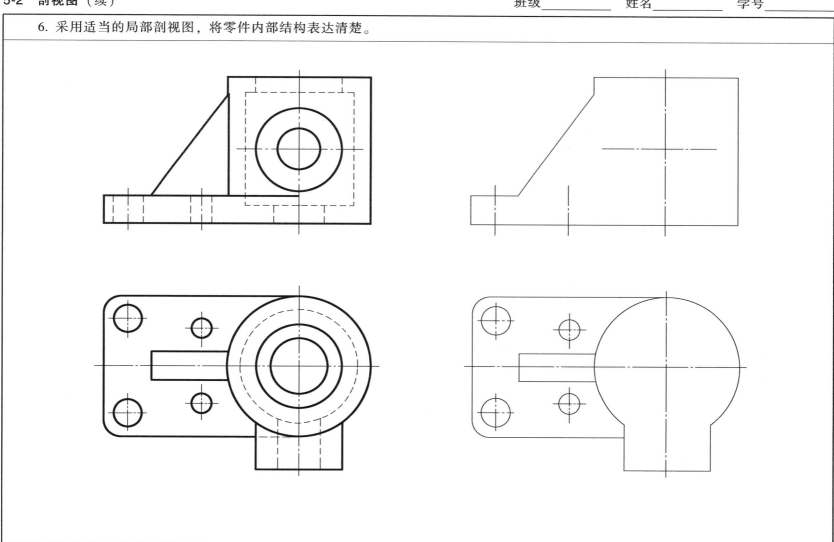

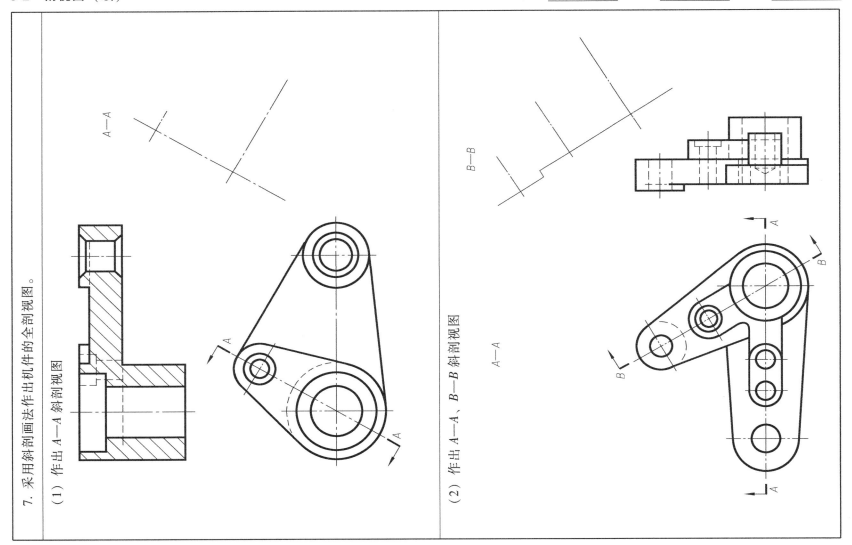

5-2 剖视图（续）

8. 采用几个平行剖切面剖切的方式将主视图改画成剖视图。

（1）

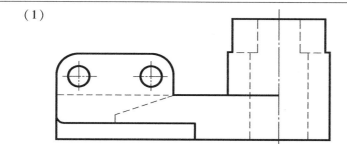

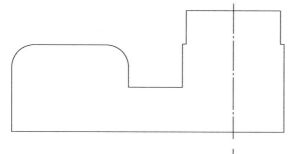

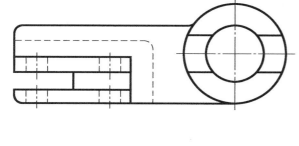

（2）

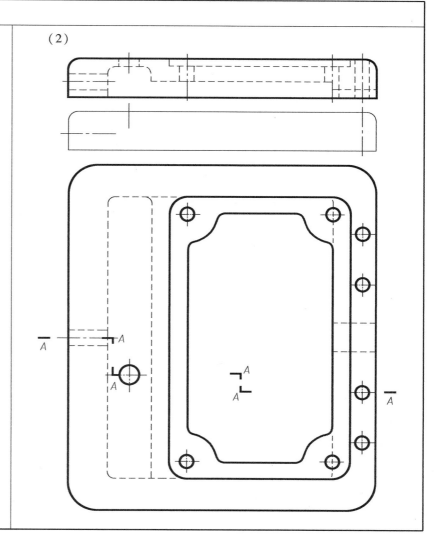

5-2 剖视图（续） 班级_____ 姓名_____ 学号_____

9. 作出下列机件的全剖视图。

（1）采用合适的剖切面将零件的主视图改画成恰当的全剖视图

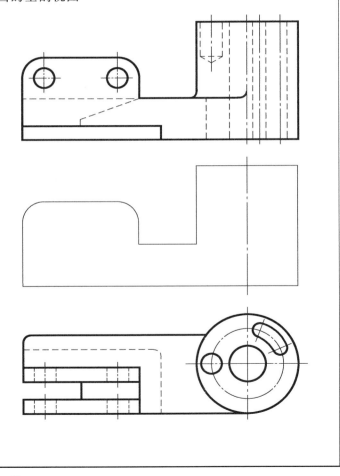

（2）作出 A—A 全剖视图

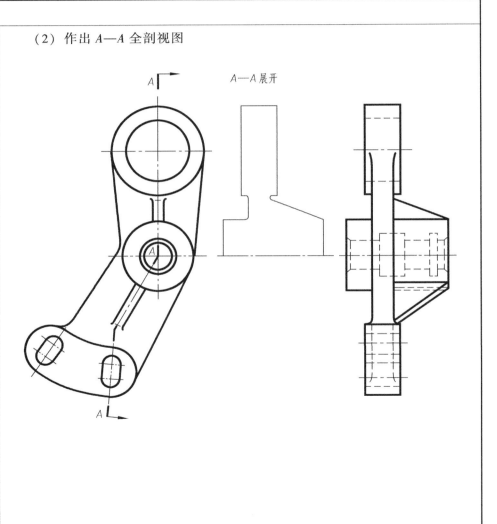

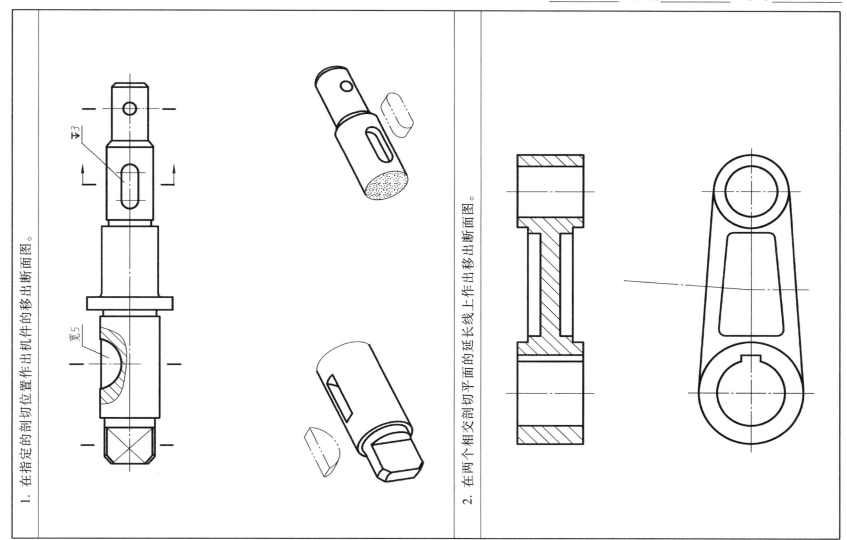

5-4 视图、剖视、断面改错练习　　　　　　　　　班级＿＿＿＿　姓名＿＿＿＿　学号＿＿＿＿

改正图中的各种错误（包括投影及各种规定、标注），并在右侧重新画出正确的主、俯视图。

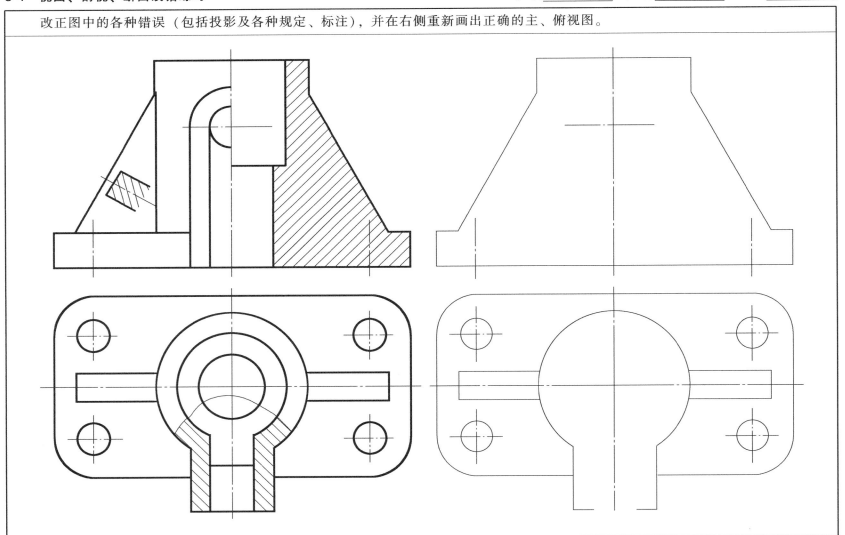

5-5　机件表达方法综合练习　　　　　　　　班级_____　姓名_____　学号_____

作业指导书

一、目的、内容与要求

（1）目的、内容　进一步理解和巩固"物"与"图"之间的对应关系，运用视图、剖视图、断面图等表达方法，根据后面两页给出的零件视图，选择一组适当的表达方案表示出来，并标注尺寸。

（2）要求　对指定的机件选择适当的表达方案，要求将机件的内、外结构形状表达清楚。

二、图名、图幅与比例

1）图名：机件表达方法综合练习。

2）图幅：A3。

3）比例：1∶1。

三、绘图步骤与注意事项

1）对所给视图进行形体分析，在此基础上选择表达方案。

2）根据规定的图幅和比例，合理布置各视图的位置。

3）逐步画出各视图。画图时要注意将视图改画成适当的剖视图、断面图和其他视图，并配置和调整各部分尺寸。

4）完成底稿，经仔细校核后用铅笔加深。

5）图线、尺寸标注、标题栏的要求与上一次作业相同。

5-5 机件表达方法综合练习（续）

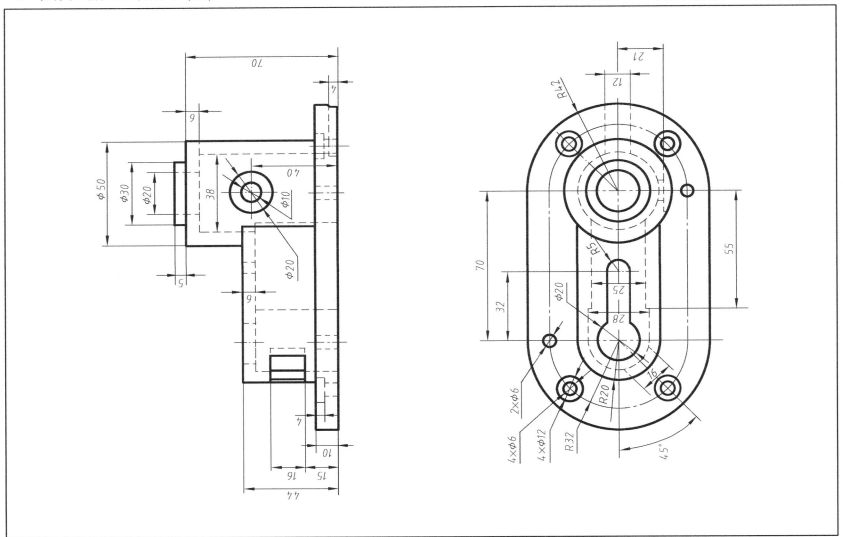

第六章 轴测投影

6-1 正等轴测图　　　　　　　　　　　　　　　　班级_____　姓名_____　学号_____

1. 根据视图画正等轴测图。

（1）

（2）

6-1 正等轴测图（续）　　　　　　　　　　　　　　　　班级＿＿＿＿＿　姓名＿＿＿＿＿　学号＿＿＿＿＿

2. 根据视图绘制带有截交线或相贯线的正等测图。

（1）

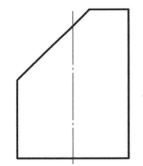

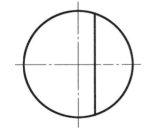

（2）

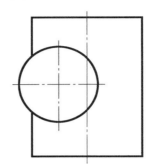

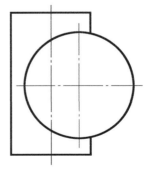

6-2 斜二等轴测图　　　　　　　　　　　　　　　　　　　班级_____　姓名_____　学号_____

1. 根据视图绘制斜二等轴测图。	2. 画出物体剖切开的斜二等轴测图。
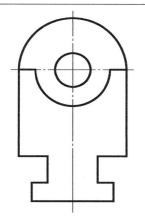	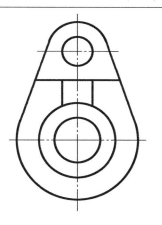 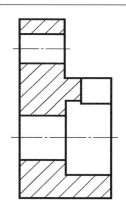

6-3 轴测剖视图　　　　　班级_____　姓名_____　学号_____

1. 根据已给视图，在指定位置画出正等轴测剖视图。

2. 根据已给视图，在指定位置画出斜二等轴测剖视图。

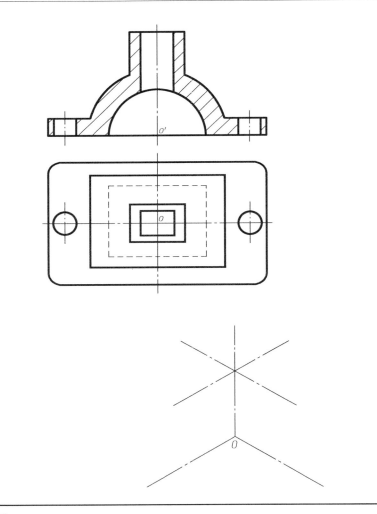

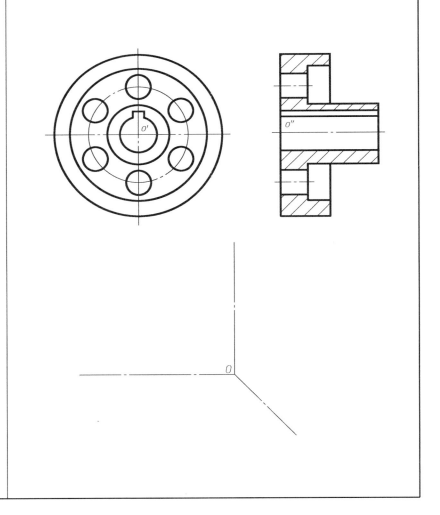

第七章 零件图上的技术要求

7-1 极限与配合　　　　　　　　　　班级_____　姓名_____　学号_____

根据配合代号，查表注出下列零件配合面的公称尺寸和极限偏差值，并指出是哪种配合。

（1）

轴与套的配合采用_____制_____配合。

套与体的配合采用_____制_____配合，其中孔是_____，其基本偏差代号是_____，且_____偏差为零，此孔的标准公差为_____级。

（2）

轴与轴承内孔的配合采用_____制_____配合。

轴承外圈与体的配合采用_____制_____配合。

7-2　极限配合与几何公差　　　　　　　　　　　　　班级_____　姓名_____　学号_____

根据轴的装配情况，在下一页的不完整的零件图上注写出有配合要求的径向尺寸公差带代号（同时注出极限偏差数值，参见本页"公差配合要求"），在几何公差框格的项目符号框内画上符号并连出指引线（参见本页"几何公差要求"）。

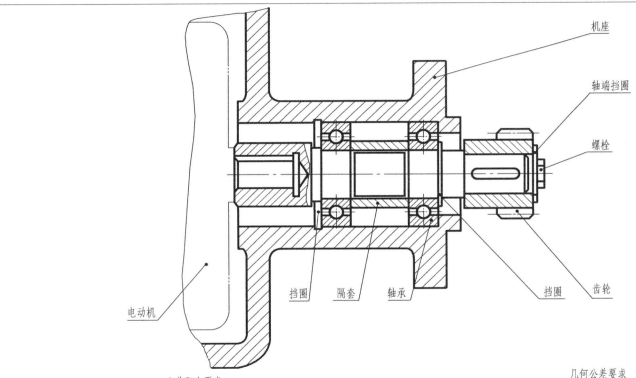

公差配合要求

1. 左端轴孔φ10与电动机轴的配合是 $\phi 10\dfrac{H7}{h6}$。
2. 轴承与轴颈φ15的配合注写K6代号（注意轴承配合的注写形式）。
3. 齿轮与轴的配合是 $\phi 12\dfrac{H7}{k6}$。

几何公差要求

1. 与轴承内表面配合的 2×φ15 圆柱面的轴线对其公共基准轴线 A—B 的同轴度公差为0.01。
2. 左端轴孔φ10对公共基准轴线 A—B 的径向圆跳动公差为0.01。
3. 端面P对公共基准轴线 A—B 的轴向圆跳动公差为0.02。
4. 轴右端φ12的圆度公差为0.005。
5. 左端轴孔中键槽对公共基准轴线 A—B 的对称度公差为0.02。

7-2 极限配合与几何公差（续）

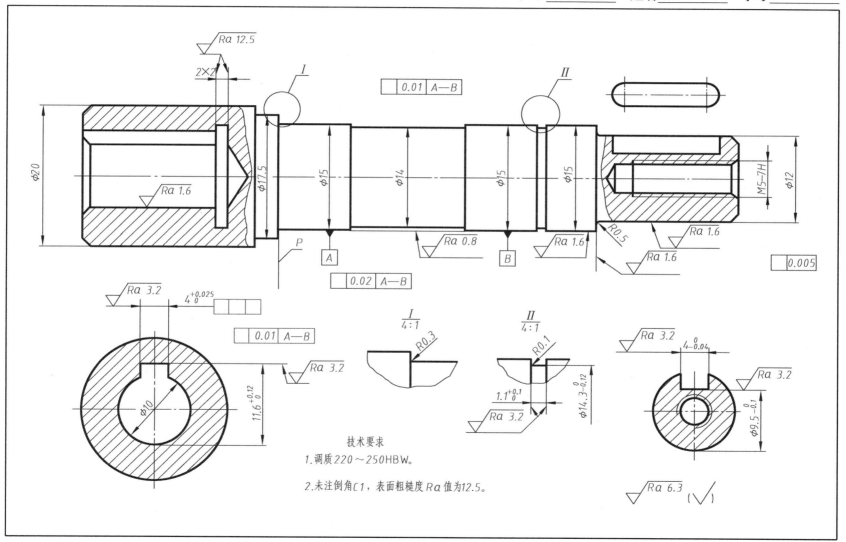

7-3 表面结构

根据所给数据，标注表面结构要求。

表面	φ22 凸台顶面	前后端面	底面	φ32 轴孔	φ24 凸台顶面	2×φ14 通孔	倒角	其余
表面结构	√Ra 12.5	√Ra 6.3	√Ra 6.3	√Ra 1.6	√Ra 12.5	√Ra 12.5	√Ra 12.5	√

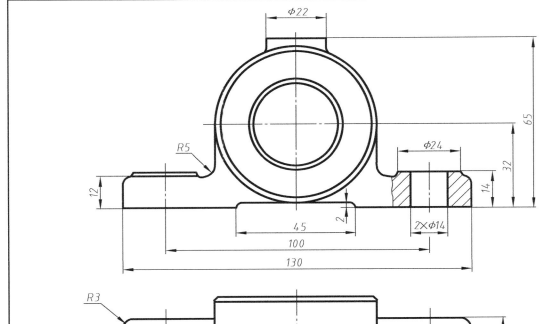
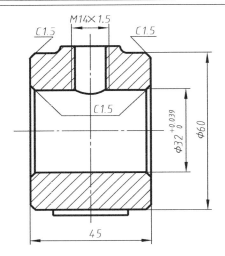
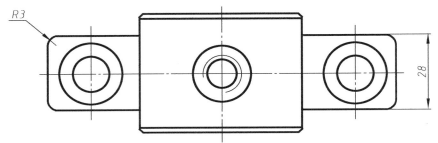

轴承座　比例 1:1　材料 HT200

第八章 标准件和常用件

8-1 螺纹

班级_____ 姓名_____ 学号_____

1. 找出下列螺纹和螺纹连接画法上的错误之处（打×号），并在下方画出正确的图。

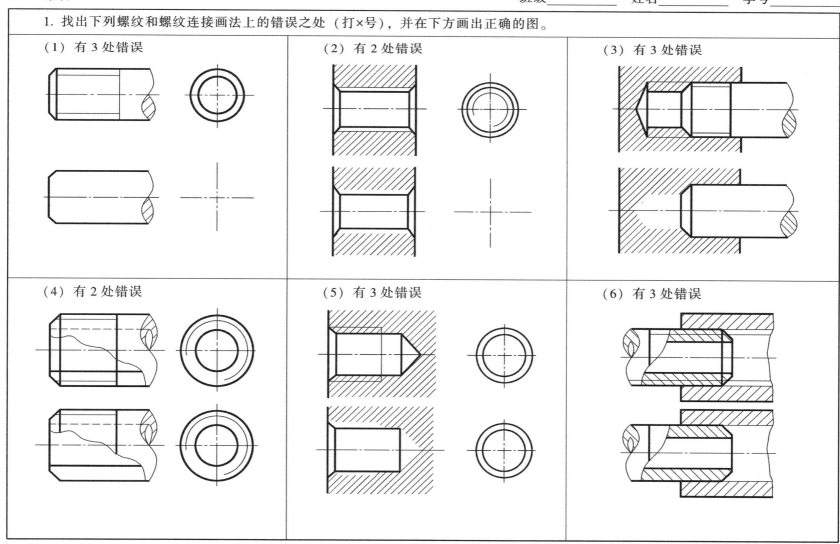

8-1 螺纹（续）　　　　　　　　　　　　班级_____　姓名_____　学号_____

2. 根据下列给定的螺纹要素，标注螺纹的标记或代号。

(1) 粗牙普通螺纹，公称直径为24mm，螺距为3mm，单线，右旋，螺纹公差带：中径、小径均为6H

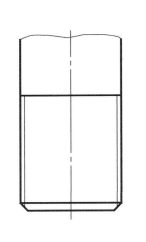

(2) 细牙普通螺纹，公称直径为30mm，螺距为2mm单线，左旋，螺纹公差带：中径为5g，大径为6g

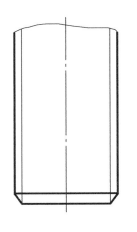

(3) 55°非密封管螺纹，尺寸代号为3/4，公差等级为A级，右旋

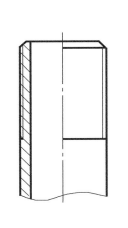

(4) 梯形螺纹，公称直径为32mm，螺距为6mm，双线，左旋

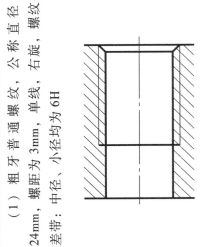

3. 根据标注的螺纹代号，查表并填空说明螺纹的各要素。

(1) 该螺纹为_____螺纹；
公称直径为_____mm；
螺距为_____mm；
线数为_____；
旋向为_____；
螺纹公差带为_____。

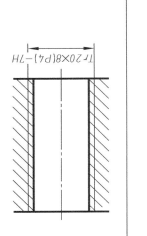
Tr20×8(P4)-7H

(2) 该螺纹为_____螺纹；
公称直径为_____mm；
大径为_____mm；
小径为_____mm；
螺距为_____mm；
公差等级为_____级。

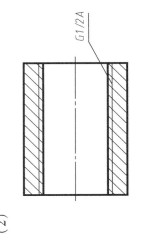
G1/2A

· 78 ·

8-2 螺纹紧固件

1. 查表确定下列各紧固件的尺寸，并写出其规定标记。

(1) 六角头螺栓——A、B级

(2) 双头螺柱

(3) I型六角螺母——C级

(4) 开槽盘头螺钉

(5) 标准型弹簧垫圈（公称直径为20mm）

(6) 圆柱销（公称直径为12mm，长度 L＝45mm）

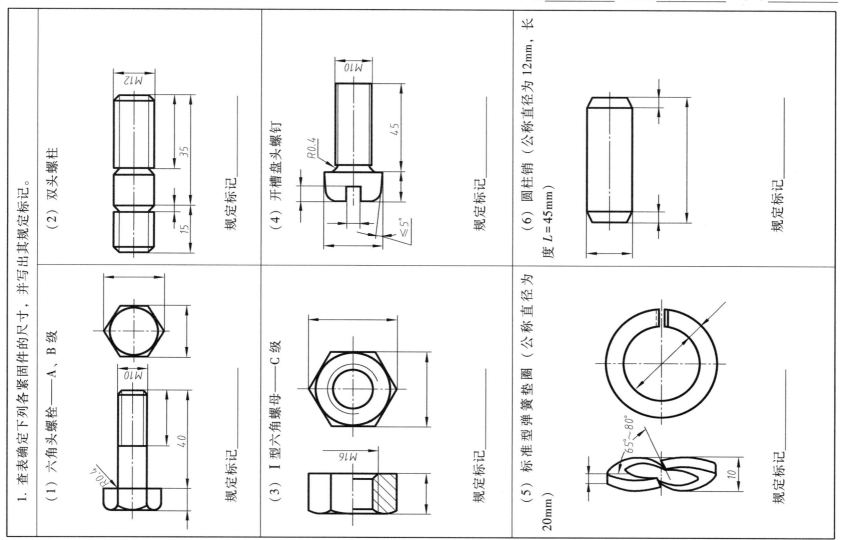

规定标记_____

8-2 螺纹紧固件（续）　　　　　　　　　　　班级_____　姓名_____　学号_____

2. 指出下列各螺纹紧固件连接图中的各种错误，并在其旁画出正确的连接图。

(1)

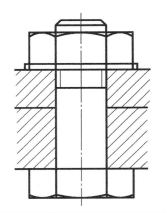

(2)

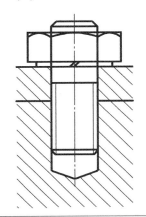

(3)

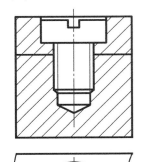

(4)

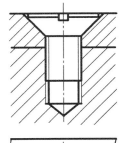

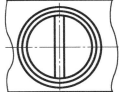

8-3 螺纹紧固件综合练习　　　　　　　　班级_____　姓名_____　学号_____

作业指导书

一、目的、内容与要求

（1）目的　掌握螺栓、螺柱、螺母、垫圈等紧固件的查表、选用，以及其连接画法和标记的注写。

（2）内容　见下一页，在图示连接装置中，按要求配上各紧固件，并标注其规定标记。

（3）要求　A 处配 M16 的螺栓（GB/T 5782）、螺母（GB/T 6170）、垫圈（GB/T 93）；B 处配圆头普通平键（GB/T 1096）；C 处配 M10 的锥端紧定螺钉（GB/T 71）；D 处配 $d=10$ 的圆锥销（GB/T 117）。

二、图名、图幅与比例

1）图名：螺纹紧固件综合练习。

2）图幅：A3。

3）比例：1：1。

三、绘图步骤与注意事项

1）按规定的比例合理布置图面。

2）利用近似画法中的比例关系算出各紧固件的全部尺寸。

3）计算螺栓的公称长度，并查表选取标准长度。

4）螺纹大径和头部的相关尺寸均应查表确定。

8-3 螺纹紧固件综合练习（续）　　　　　　　　　班级_____　姓名_____　学号_____

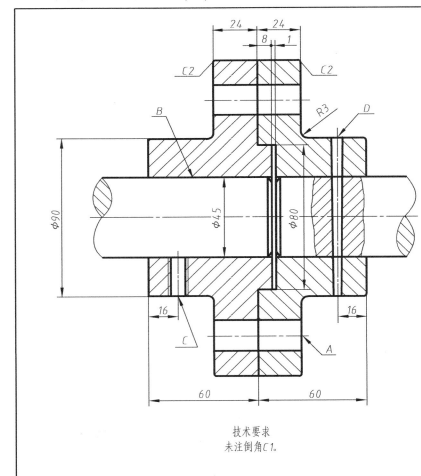
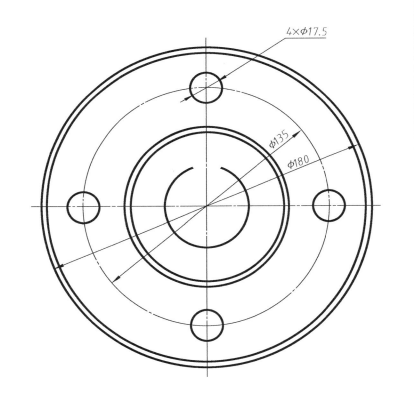

技术要求
未注倒角C1。

要求：A 处配 M16 的 4 个螺栓（GB/T 5782）、4 个螺母（GB/T 6170）、4 个垫圈（GB/T 93）。
B 处配圆头普通平键（GB/T 1096）。
C 处配 M10 的锥端紧定螺钉（GB/T 71）。
D 处配 $d=10$ 的圆锥销（GB/T 117）。

8-4 齿轮　　　　　　　　　　　　　　　　　班级_____ 姓名_____ 学号_____

1. 直齿圆柱齿轮的齿数 $z_1 = 17$，$z_2 = 37$，中心距 $a = 54\text{mm}$，试计算齿轮上轮齿部分的几何尺寸，完成其啮合图；小齿轮与轴用 A 型普通平键连接，查表后画出其连接图并注出标记。

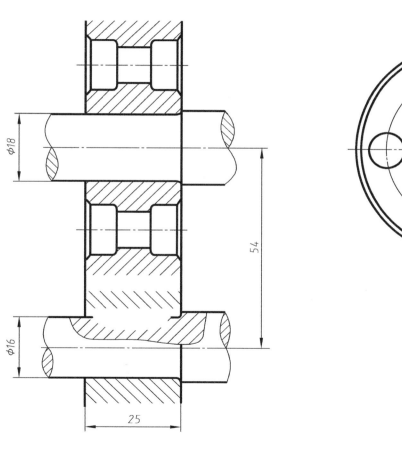
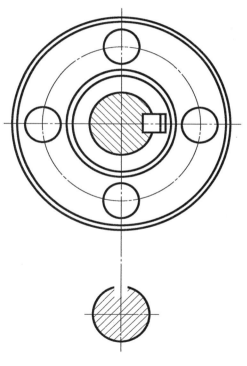

8-4 齿轮（续） 班级_____ 姓名_____ 学号_____

2. 画出 8-4 第 1 题中小齿轮的主、左视图，并标注尺寸。

3. 画出 8-4 第 1 题中大齿轮的主、左视图，并标注尺寸。

8-5 滚动轴承与弹簧

1. 阶梯轴两端支承轴肩处的直径分别为 25mm 和 15mm，试用 1∶1 的比例画出支承处的滚动轴承（规定画法）。

2. 已知圆柱螺旋弹簧的材料直径 $d=5$mm，弹簧中径 $D=55$mm，节距 $t=10$mm，有效圈数 $n_1=7$，支承圈数 $n_2=2.5$，右旋，试用 1∶1 的比例画出弹簧的全剖视图（轴线水平）。

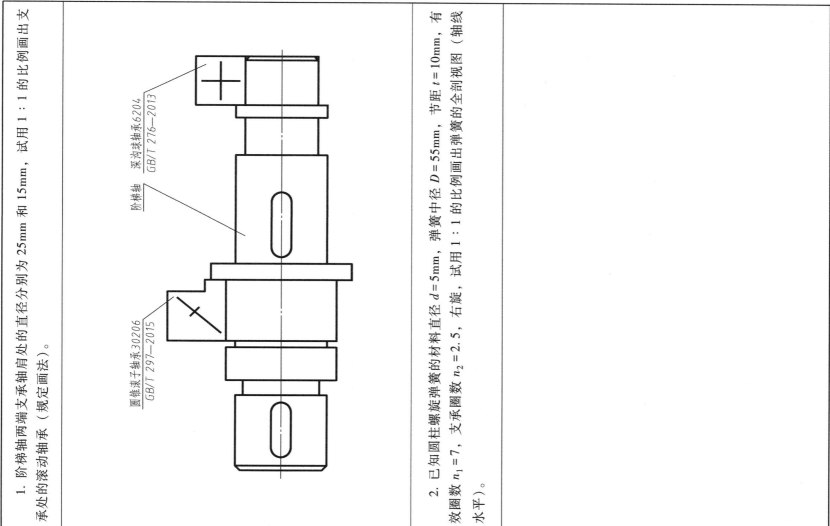

第九章 零件图

9-1 读、画零件图　　　　　班级_____ 姓名_____ 学号_____

读各分题零件图后回答下列问题并作图。

一、主轴

1）该零件图采用的基本视图是什么？
2）主视图上采用断裂画法，其理由是什么？
3）主视图中虚线表示什么？
4）解释各几何公差的含义。
5）表面粗糙度要求最高是多少？
6）$\phi69$ 与 $\phi48$ 两圆柱面轴线之间有什么形位公差要求？
7）作出 C—C 移出断面图。

二、轴承架

1）该零件属于哪一类零件？材料是什么？
2）该零件图中采用了哪些表达方法？
3）分析该零件的结构形状和表面粗糙度情况。
4）按 1：2 的比例（图上量，取整数）及指定的主要尺寸基准，标注尺寸。
5）根据标注的尺寸，按 1：1 的比例抄画该零件图。

9-1 读、画零件图（续）

(1) 主轴

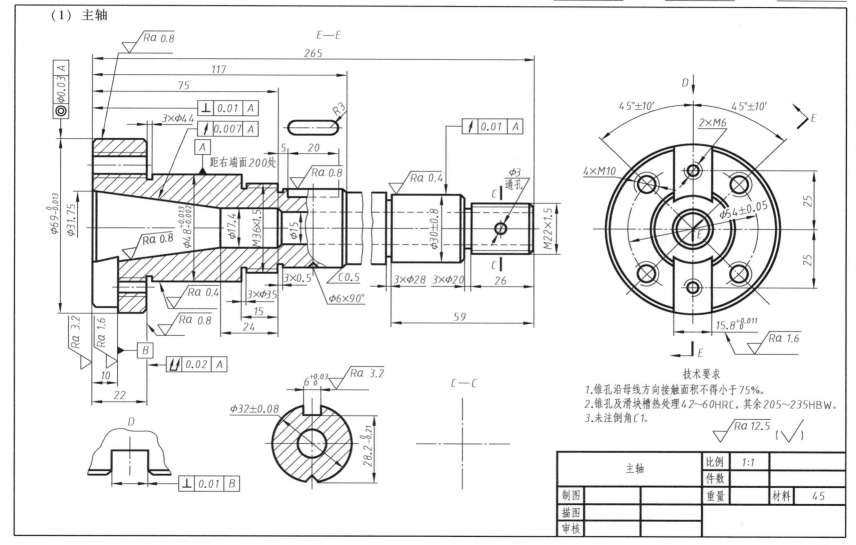

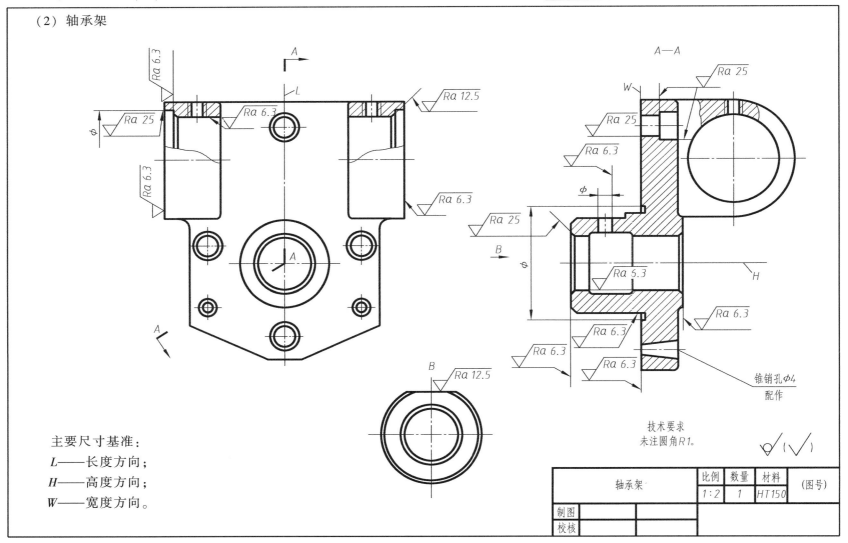

9-2 由零件轴测图绘制零件图　　　　　班级_____　姓名_____　学号_____

作业指导书

一、目的、内容与要求

（1）目的　熟悉零件图的内容与要求，练习徒手绘制零件草图并掌握绘制零件工作图的方法。

（2）内容

1）根据分题（1）轴的零件轴测图画出它的零件草图。

2）根据分题（2）端盖的零件轴测图画出它的零件草图。

3）有条件的用实际零件测绘更好。

（3）注意事项及作业要求

1）仔细分析该零件由哪些基本形体构成，零件上有哪些工艺结构，是否具有对称平面等。应该注意，对于形体较复杂的零件，基本视图不宜过少。

2）零件轴测图上的尺寸，可在标注尺寸时作为参考。对零件轴测图上未注尺寸的标准结构，如键槽、砂轮越程槽等，应查表确定。

3）零件图标题栏必须填写完整。

4）图面质量要求与上一次作业相同。

5）绘制1~2张零件工作图。

二、图名、图幅与比例

1）图名：由零件轴测图绘制零件图。

2）图幅：A3。

3）比例：1：1。

9-2　由零件轴测图绘制零件图（续）　　　　班级_____　姓名_____　学号_____

(1) 轴

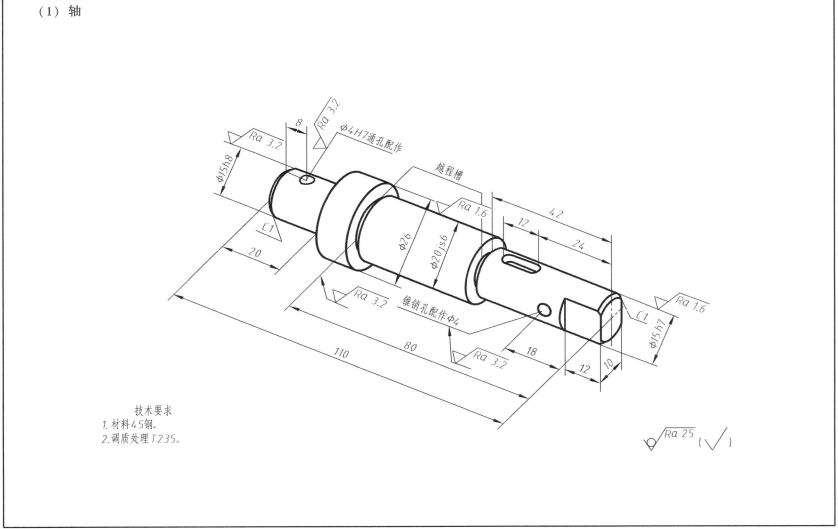

9-2　由零件轴测图绘制零件图（续）　　　班级_____　姓名_____　学号_____

（2）端盖

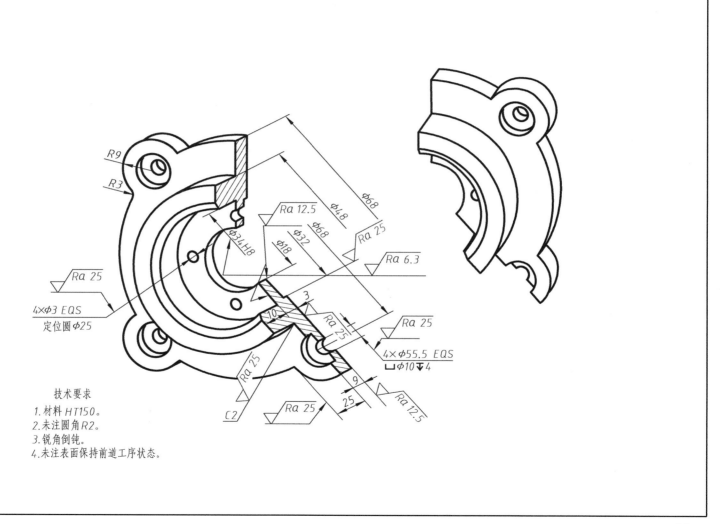

第十章 装配图

10-1 由零件图拼画装配图　　　　　　　　　　班级＿＿＿＿＿　姓名＿＿＿＿＿　学号＿＿＿＿＿

作业指导书

一、目的、内容与要求

（1）目的　学习阅读成套零件图和装配示意图（或轴测图）并绘制装配图的方法和步骤，锻炼拼画装配图的能力。

（2）内容　根据各专业要求在以下两套零件图中选出 1~2 套详细阅读，并在此基础上结合装配示意图（或轴测图），拼画出装配图。

（3）要求

1）结合球阀轴测图及主要零件图读懂球阀各组成零件的结构形状和它们之间的装配连接关系，绘制装配图（建议用主、左两个视图再加局部剖视图表达）。

2）根据机用虎钳装配示意图及成套零件图（详见第 97~100 页），绘制装配图（建议用主、俯、左三个视图再加适当的辅助视图表达，各视图按需进行适当地剖切）。

二、图名、图幅与比例

1）图名：由零件图拼画装配图。

2）图幅：A3。

3）比例：1∶1。

三、各部件的工作原理

（1）球阀　阀体内装有球塞，球塞上的凹槽与阀杆的扁头相接，当用扳手旋转阀杆并带动球塞转动一定的角度时，即可改变阀体通孔与球塞通孔的相对位置，从而起到启闭及调节管路内流体流量的作用。为了防止流体泄漏，由环、填料压盖和密封圈、垫圈分别在两个部位组成密封装置。

零件间的装配关系是阀体的中心处装上球塞，并借两个密封圈支承；阀体与阀盖用四组双头螺柱紧固，并以适当厚度的垫圈调节密封圈与球塞之间的松紧程度；球塞上端装有阀杆，并把阀杆扁头嵌入球塞凹槽使两者相接；在阀体与阀杆之间的填料函内装进填料并旋紧压盖。

（2）机用虎钳　用扳手转动螺杆 06，通过螺母 07 及螺钉 04 带动活动钳身 03 左、右移动，从而缩、放活动钳身 03 及固定钳身 01 上两护口板之间距离的大小，以达到装夹各种工件的目的。两护口板之间的距离为 0~70mm。

10-1　由零件图拼画装配图（续）

1. 球阀。

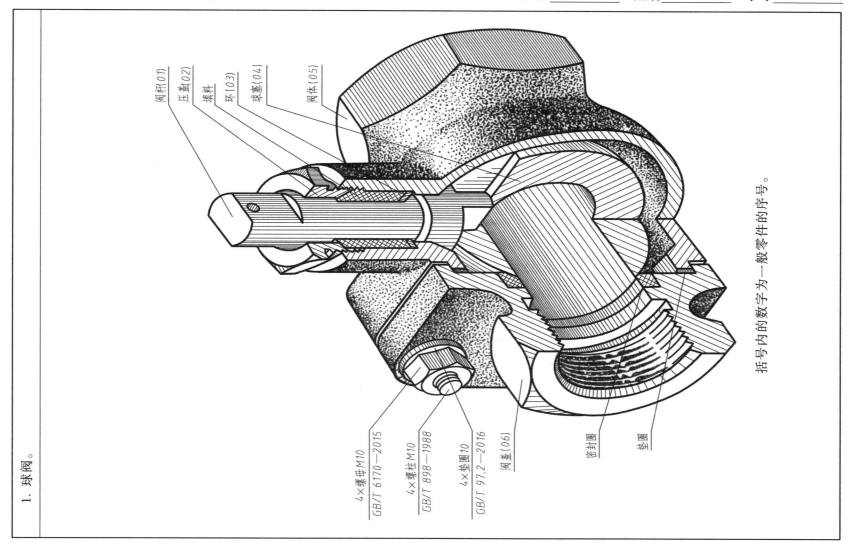

括号内的数字为一般零件的序号。

10-1 由零件图拼画装配图（续）

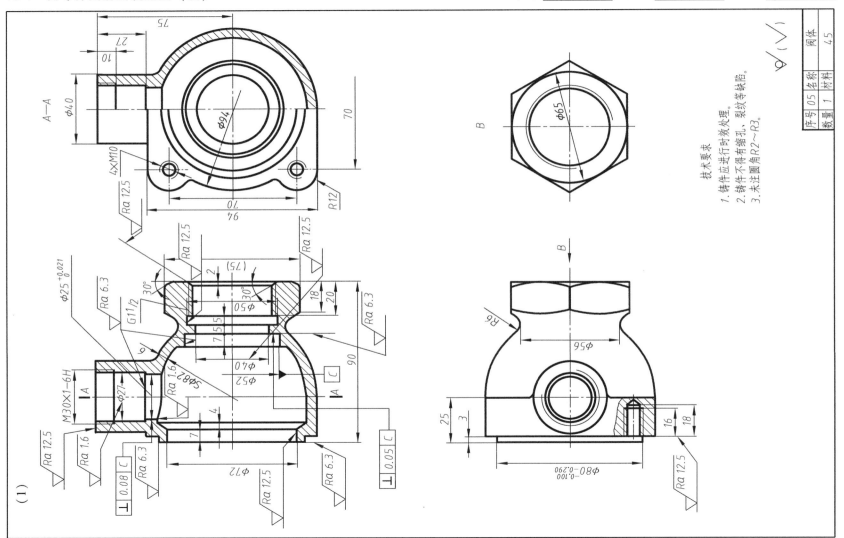

10-1 由零件图拼画装配图（续）

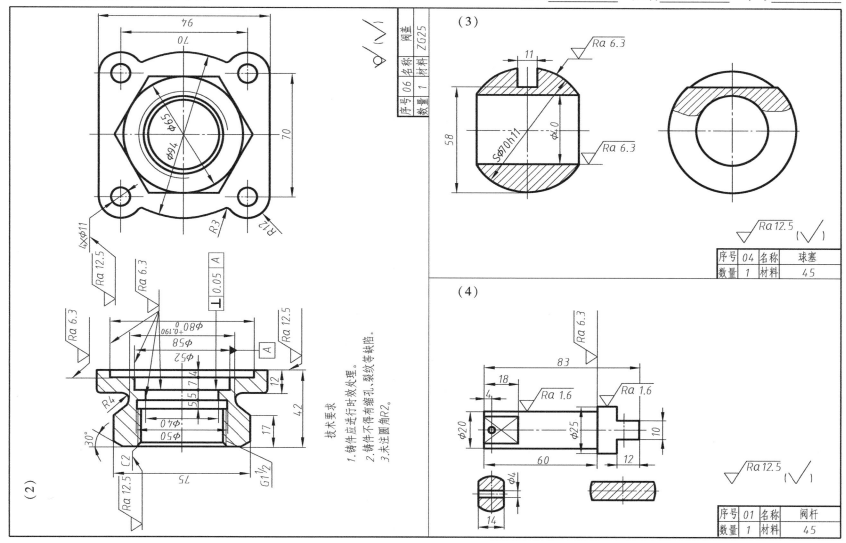

10-1 由零件图拼画装配图（续）　　　　　　　班级＿＿＿＿姓名＿＿＿＿学号＿＿＿＿

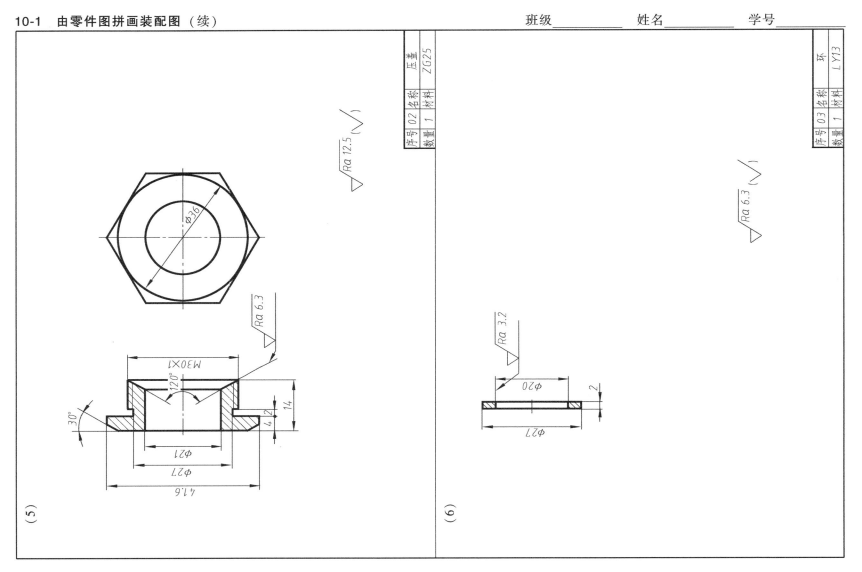

10-1 由零件图拼画装配图（续）　　班级＿＿＿＿　姓名＿＿＿＿　学号＿＿＿＿

2. 机用虎钳。

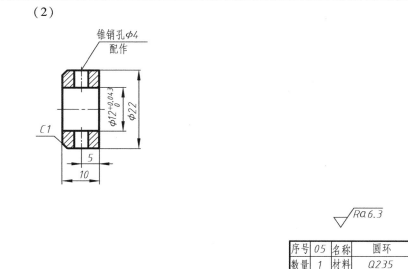

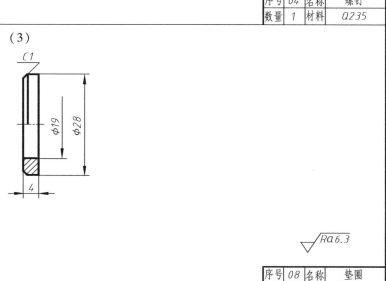

10-1 由零件图拼画装配图（续）

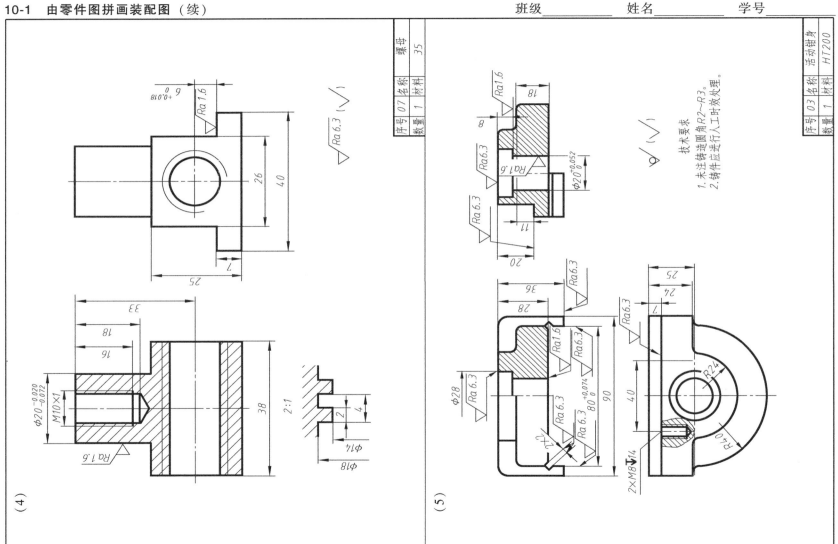

10-1 由零件图拼画装配图（续）

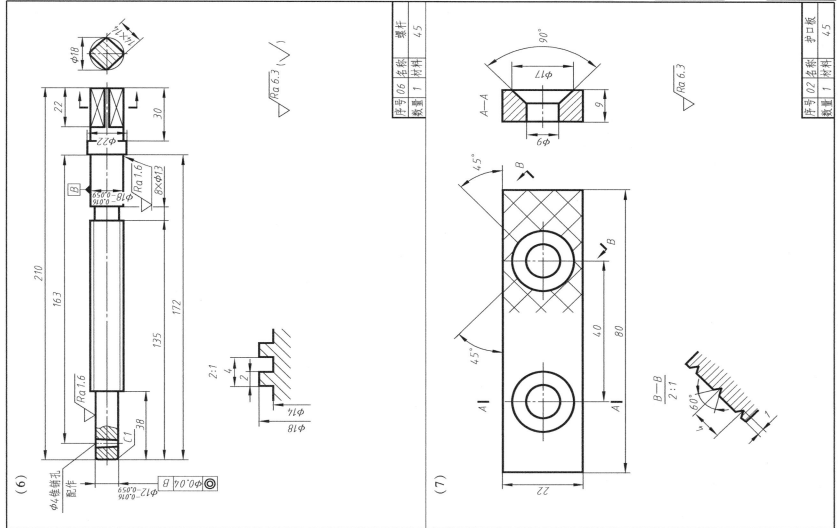

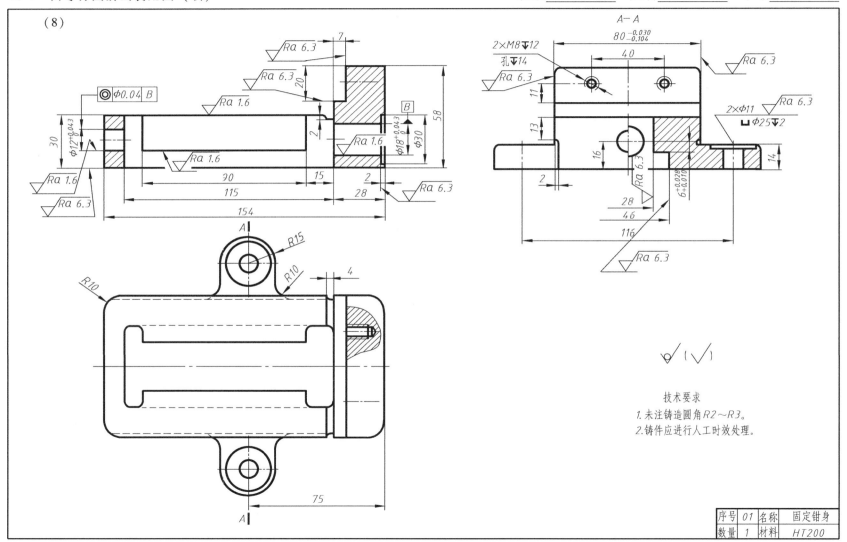

10-2 读装配图及由装配图拆画零件图

班级_____ 姓名_____ 学号_____

作业指导书

一、目的、内容与要求

（1）目的
1) 学习阅读装配图的方法和步骤，培养阅读装配图的能力。
2) 学习由装配图拆画零件图的方法和步骤，提高绘制零件图的能力。
（2）内容 根据各专业要求在下列装配图中选 1、2 个进行详细阅读，在此基础上拆画零件的零件图。
（3）要求
1) 读懂夹线体装配图，画出 A—A 剖视图及夹套的零件图。
2) 读懂机油泵装配图，画出泵体或泵盖的零件图。

二、图名、图幅与比例

1) 图名：由装配图拆画零件图。
2) 图幅：A3。
3) 比例：1∶1。

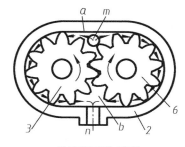

机油泵工作原理

三、各装配体的工作原理及结构分析

（1）夹线体 夹线体是将线穿入衬套 3 中，然后旋转动手动压套 1，通过螺纹 M36×2 使手动压套 1 向右移动，沿着锥面接触使衬套向中心收缩（因为在衬套上开有槽），从而夹紧线体。当衬套夹住线后，还可以与手动压套 1、夹套 2 一起在盘座 4 的 φ48mm 孔中旋转。

（2）机油泵 机油泵是机械的润滑系统中的一个部件，其工作原理如右图所示。

在泵体 2 内装有一对啮合的主动齿轮 3 和从动齿轮 6，齿轮的齿顶圆及侧面均与泵体内壁接触，因此各个齿的槽间均形成密封的工作空间。油泵的内腔被互相啮合的轮齿分为两个互不相通的空腔——吸油腔 a 和排油腔 b，分别与进油孔 m 和排油孔 n 相通。当主动齿轮按逆时针方向旋转时，吸油腔 a 处的轮齿逐渐分离，工作空间的容积逐渐增大，形成部分真空，因此油箱中的液油在大气压力的作用下，经吸油管从泵体底部的吸油孔 m 进入油泵的低压区（吸油腔 a），进入各个齿槽间的油液在密封的工作空间中随着齿轮的旋转，沿箭头方向被带到油泵的高压区（排油腔 b），因为这里的轮齿逐渐啮合，工作空间的容积逐渐减小，所以齿槽间的油液被挤出，从排油孔 n 经油管输出。

从机油泵的装配图（见 P103）中可看出，主动齿轮 3 和从动齿轮 6 装在泵体 2 上部的内腔中，泵盖 4 与泵体 2 之间用四个螺栓 8 及弹簧垫圈 9 连接，并装有垫片 10 以防止漏油。主动齿轮 3 用销 5 固定在主动轴 1 上，由主动轴 1 带动旋转；从动轴 7 与泵体孔之间采用过盈配合，因而该轴是不转动的；从动齿轮 6 活套在从动轴 7 上旋转，从而获得润滑。泵体下部的 φ10 孔即是进油孔 m，前方的 M12 螺孔与管接头 17 连接，并用垫片 16 密封，此处即为排油孔 n，由此将油液输送到机器中需要润滑的部分。

在泵盖中还有一个安全阀，若输出管道中发生堵塞，则高压油可以顶开钢球，使弹簧 14 压缩，从而使阀门打开，油液流回低压区，返回油箱，从而起安全作用。弹簧 14 的压力可用螺钉 11 调节，以控制油压，螺钉 11 调节好后，再用螺母 12 锁紧。

10-2 读装配图及由装配图拆画零件图（续）

1. 夹线体。

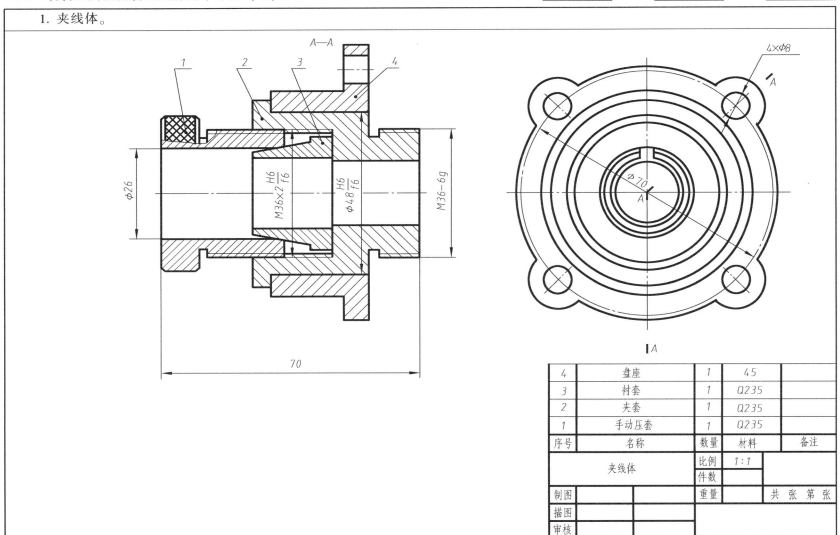

10-2 读装配图及由装配图拆画零件图（续）

2. 机油泵。

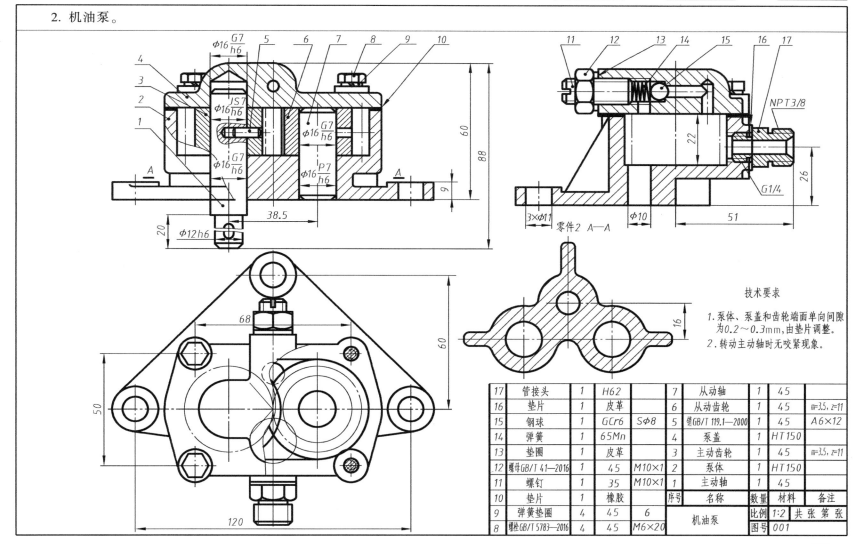

第十一章 房屋建筑图

11-1 房屋建筑图综合练习　　　　　　　　　　　班级_____　姓名_____　学号_____

作业指导书

1) 简述建筑施工图的作用、内容。
2) 简述建筑平面图、立面图、剖面图、详图及建筑总平面图的定义和所表达的内容。这些图样中所用的比例、线型怎样？
3) 简述结构施工图的作用、内容。
4) 简述楼层结构平面图、基础平面图及其详图的定义和所表达的内容。
5) 根据各专业情况在 A3 图纸上选择抄画配套主教材图 11-5 中平面图、立面图或剖面图。

11-2 补全建筑平面图

右图为某浴室的建筑平面图。设进厅、更衣室、管理室等房间的室内地面标高为±0.000。淋浴室的地面比它低 50mm；厕所的地面低 20mm；锅炉间的地面低 30mm；台阶顶面低 20mm，台阶的每级踏步高为 150mm。完成下列作业：

1）按建筑平面图中各种图线的宽度要求，用铅笔进行加深。

2）将所有的尺寸及标高标注完全，将定位轴线编号填写完全。

3）该浴室出入口所在立面（外墙面）的朝向为南偏西 30°，在平面图的右下角画上指北针（指北针的符号及大小参见配套主教材中附录）。

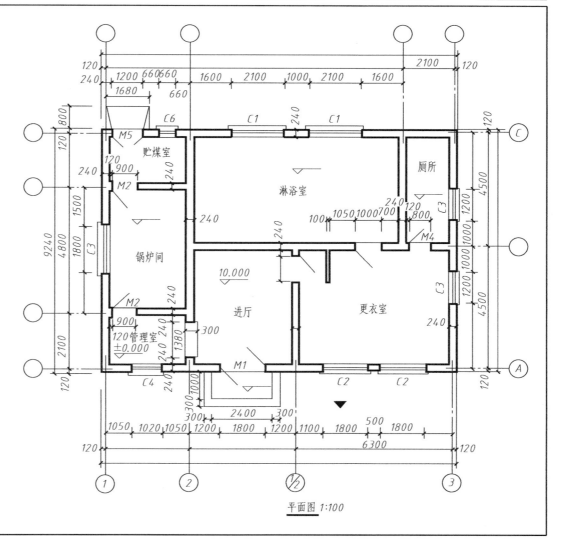

平面图 1:100

第十二章 表面展开图

12-1 展开图（截交线）

班级_____ 姓名_____ 学号_____

作出截头六棱柱的表面展开图。

12-2 展开图（相贯线） 班级_____ 姓名_____ 学号_____

求出斜交两圆柱的相贯线，并分别画出两圆柱侧表面的展开图。

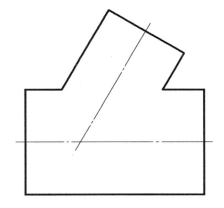

12-3 **展开图**（两个二次曲面共切于第三个二次曲面）　　班级_____　姓名_____　学号_____

求作 A、B、C 管的展开图。

12-4　展开图（球面）

作出带切口的半圆球面的近似展开图。

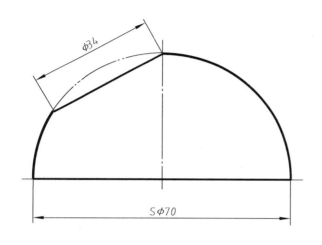

12-5 展开图（环面）

作出五节直角弯头（端部两段为半节，中间三段为全节）的表面展开图。

φ30
R52

参考文献

[1] 钱可强,何铭新,徐祖茂. 机械制图习题集 [M]. 7版. 北京:高等教育出版社,2015.

[2] 朱辉,单鸿波,曹桄,等. 画法几何及工程制图习题集 [M]. 7版. 上海:上海科学技术出版社,2013.

[3] 大连理工大学工程图学教研室. 机械制图习题集 [M]. 6版. 北京:高等教育出版社,2013.

[4] 葛常清. 现代工程图学习题集 [M]. 北京:机械工业出版社,2019.

[5] 张彤,刘斌,焦永和. 工程制图习题集 [M]. 3版. 北京:高等教育出版社,2020.

[6] 王兰美,殷昌贵. 画法几何及工程制图习题集:机械类 [M]. 3版. 北京:机械工业出版社,2014.

[7] 葛常清. 现代工程图学 [M]. 北京:机械工业出版社,2019.

[8] 许纪旻,高政一,刘朝儒. 机械制图习题集 [M]. 4版. 北京:高等教育出版社,2006.

[9] 王冰. 工程制图习题集 [M]. 2版. 北京:高等教育出版社,2015.